青春文庫

ヨソでは聞けない話

「食べ物」のウラ

㊙情報取材班［編］

JN196611

青春出版社

はじめに

消費者としては、「食べ物」をめぐって、安全性はむろんのこと、さまざまな角度から関心を抱かざるをえない時代です。

そこで、この本では、身近な食べ物、魚や肉、野菜や果物、加工食品や飲料が、今、どのように作られ、私たちの手もとまで届いているのか、そこにはどのような〝事情〟がひそんでいるのか——食べ物に関する気になる話を満載しました。

たとえば、あなたは、いわゆる「鮮魚にも、解凍魚が多数混じっている」ことをご存じでしょうか？　あるいは、素人には同じように思える日本ワインと国産ワインには、大きな違いがあることをご存じでしょうか？

というわけで、本書には、「昨今の外食産業の原価率」から「太りにくいアボカドの見分け方」や「タコさんウインナーの発明者」まで、食べ物に関する気になる情報を詰め込みました。この本で、いまどきの「食」をめぐる裏話をお腹いっぱいになるまで、味わっていただければ幸いに思います。

２０１８年４月

㊙情報取材班

ヨソでは聞けない話「食べ物」のウラ・目次

1 その〝食べ物常識〟を信じてはいけない　13

2 産地から食卓まで…気になる食べ物の裏側は？ 45

3

身近な食材をめぐるウソのような本当の話　73

《特集》 外から見えない！ 外食店の裏話

4 なぜかその先を聞きたくなる「ローカル食」の秘密 109

5 知的な大人は知っている食べ物の雑学 139

カバーイラスト■iStock.com/CSA-Archive
本文イラスト■Semiletava Hanna/shutterstock.com
Marchie/shutterstock.com
DTP■フジマックオフィス

1

その"食べ物常識"を信じてはいけない

賞味期限

1日でも賞味期限を伸ばすための水面下の〝攻防〟

食品メーカーでつくられた食べ物は、そのすべてが店頭に並ぶとは限らない。ときには、店頭に並ぶ前に、廃棄されることもある。賞味期限の問題があるからだ。

賞味期限は、その食品をおいしく食べられる期限のこと。期限をすぎても食べることはできるが、日本の消費者は賞味期限の切れた食べ物を買おうとはしない。

そこで、多くの小売店では、いわゆる「3分の1ルール」を設けている。製造日から賞味期限までの最初の3分の1の期間内の商品しか受け付けないのだ。流通の遅れなどで、最初の3分の1の期間内に納品されない場合、小売店はメーカーに返品してしまうのだ。たとえば、賞味期限が製造日から7日までの商品が、3日後に届くと、早くも返品の対象となる。

むろん、それはメーカーにとって大きな損失につながるので、各メーカーは賞味期限を少しでも伸ばそうとしている。賞味期限が伸びれば、納品までに多少時間がかかっても、店頭に置いてもらえるというわけだ。

賞味期限の長さをめぐってカギを握っているのは、「酸素」である。食品は、酸素に触れると酸化して、てきめん風味が落ちてしまう。酸素に極力触れさせない環境をつくることが、賞味期限を伸ばす秘訣なのだ。

ここでは、マヨネーズを例にとってみよう。マヨネーズは卵、酢、植物油からつくられるが、賞味期限上、問題になるのは植物油である。植物油には、水より5倍も多い酸素が含まれているからだ。そこで、あるマヨネーズメーカーは、植物油に窒素を吹き込み、酸素をできるだけ取り除く方法を開発した。その結果、従来7カ月だった賞味期間が10カ月に延びた。

さらに、製造工程を見直して、材料や製品が酸素に触れる機会を減らすようにした。すると、賞味期間はさらに伸びて、12カ月もつようになったのだ。

しょうゆも、酸素に触れると劣化する。開封すると、酸化によって色が濃くなり、香りや味が劣化する。そのため、ペットボトル入りのしょうゆの場合、開栓後1カ月程度以内に使い切ることが推奨されている。

そうしたなか、開栓後も酸素に触れない容器を開発することで、賞味期限を開封後

180日間にまで伸ばしたメーカーもある。

鮮魚

解凍魚でも「鮮魚」と名乗れるのはなぜ?

「鮮魚」を辞書で引くと、「食用にする新しい魚。生きのよい魚」とある。ただし、レストランなどのメニューに「鮮魚の○○」と書かれている場合でも、解凍した魚が使われている場合がある。

一時期、ホテルやレストランのメニュー表示偽装が問題になったことがあるが、「解凍魚」を使って「鮮魚」と表示しても、違反にはならない。消費者庁では、解凍しても、その魚が鮮度を保っていれば、「鮮魚」と表示しても構わないとしているのだ。

お客が抱く「鮮魚」のイメージとはズレがありそうだが、これは店にとってはありがたいことだろう。生魚より、冷凍品を仕入れたほうがコストをおさえられるし、それでも「鮮魚」と表示できるのであれば、新鮮な魚を使っているというプラスイメージを付加できる。

この「鮮魚」のほかに、スーパーや魚屋の店頭で見かけるのが、「活魚《かつぎょ》」と「生鮮魚」という表示。これらの言葉、どのような違いがあるか、ご存じだろうか？

まず「活魚」は、生きている魚のこと。水槽や生け簀《す》で泳いでいる魚がこれに当たる。「生鮮魚」は、鮮魚のなかでも、とりわけ鮮度のよいものを指す。具体的には、死後硬直が起こる寸前から、死後硬直が終わり、解硬する（硬直がとける）直前までの魚を指す場合が多い。おおむね、刺身用として販売されているものが、「生鮮魚」である。

一方、「鮮魚」は、刺身で食べられるほどではないが、煮たり焼くなど加熱調理をすれば、おいしく食べられる鮮度を保った魚である。

新鮮さだけでいえば、「活魚」「生鮮魚」「鮮魚」の順になるが、それが味の順番になるかといえば、そうとはいいきれない。

じつは、船上で釣りあげてすぐに食べる魚や活魚は、科学的に見ると、食用にするにはベストの状態とはいえないのだ。魚のうま味成分は、生け締めした後、一定時間を置いたほうが増加するからだ。

その点、「鮮魚」は、刺身で食べられるほど新鮮でなくても、硬直が終わって熟成がすすむうちに、イノシン酸やアミノ酸などのうま味成分が増えている。つまり、「活魚」や「生鮮魚」よりも、濃厚なうま味を味わえる場合もあるということだ。

というわけで、魚がうまいと評判の店は、以上のような魚ごとの、調理法や旨さのピークを熟知している店ということになる。

牛肉

そもそも「A5ランク」とはどういう意味か

牛肉をめぐる用語として、よく耳にするようになった「A5ランク」という言葉。ステーキ店や焼き肉店のチラシに踊る文脈から「高級」であることは察しがつくが、果たしてA5ランクとは、どのような品質の肉を指すのだろうか？

肉の品質をあらわす尺度として、日本食肉格付協会では、全国統一の「格付け」を実施している。格付けは「A、B、C」の英字と、「5、4、3、2、1」という5段階の数字、合計15区分で評価され、格付けされた肉には「A3」とか「B2」といった等級印が押される。

では、格付けに用いられている英字・数字は何をあらわしているのだろうか？

まず「A、B、C」の英字が示すのは、肉の「歩留まり」である。歩留まりとは、枝肉からとれる肉の割合のことで、枝肉は、頭や内臓、四肢の先端を取り除いた骨付きの肉のこと。その枝肉から部分肉に解体する際、骨や皮下脂肪がはずされるが、そのロスが少ないほど、「良」と判定される。

一方、「5〜1」という数字で評価されるのは、肉質の等級。評価されるのは、脂肪交雑、肉の色沢《しきたく》、肉の締まりやキメ、脂肪の色沢と質の4項目。

ちなみに「脂肪交雑」とは、牛肉の霜降り度合いを示すもの。肉の色沢とは、色合いや光沢のことで、目安となるカラーチャートがあり、それらをもとにして、検査員が肉眼で判断している。

また、肉の締まりやキメについては、5＝締まりがかなりよく、きめがかなり細かい、4＝締まりはややよく、きめがやや細かい、3＝締まりときめが標準、2＝締まりときめが標準に準ずる、1＝締まりが劣る、またはきめが粗い、という基準で判断される。

結果、もっともよい肉質と評価された「A5ランク」は、歩留まりがよく、肉の締まりやきめもよく、霜降り具合も良好で、色合いや光沢も申し分ないと評価された高品質の牛肉というわけである。

弁当
青い色の弁当容器が、近頃タブーではなくなったワケ

共働き夫婦や高齢者の一人暮らしが増え、持ち帰り弁当や調理済の総菜の需要が高まっている。そこで生まれたのが、「中食《なかしょく》」という言葉。レストランや飲食店での食事は「外食」。それに対して、「中食」は、調理済みの食品を買って持ち帰り、家の中で食べることをいう。

弁当を買って、家で食べるのも中食のうちだが、近年、その持ち帰り弁当に、大きな変化が起きている。まだ一部ではあるが、ごはんとおかずの位置が変わったのである。以前は、ごはんを左側、おかずを右側に詰めるのが当たり前だったが、近年は、左右を逆にした容器が使われるようになっている。

その容器は、人間工学に基づいて開発されたものだという。人間はモノを見るとき、物体を左上から見はじめる習性がある。そこで、弁当の左側におかずを彩りよく詰めると、ごはんが左側にある弁当よりも、「おいしそう」と感じてもらえる確率がアップするというわけである。

また近年は、色彩が人に与える影響を利用して開発された容器も登場している。たとえば、これまでは、食欲をそそる色は赤、食欲を減退させる色は青とされるため、ブルーは飲食店や外食産業では敬遠されてきた。ところが、研究が進み、青には塩味を連想させる働きがあり、うま味もより強く感じさせることがわかってきた。近年、青色の模様をあしらった容器が弁当に使われることがあるのは、この研究成果にもとづいてのことである。

パイナップル
リンゴでもないのに、どうして「アップル」？

パイナップルは、英語で pineapple と書く。直訳すると「松（pine）のリンゴ

(apple)」となるが、もともとは松ぼっくり（pine cone）を指した言葉で、松の果実という意味だった。のちに、松ぼっくりによく似た果物（パイナップル）が登場し、転用されることになった。

そのパイナップルを筆頭に、果物の英名には、リンゴではないのに「○○アップル」と名づけられているものが多数存在する。

その一つが、台湾で人気のトロピカルフルーツ「シュガーアップル」。正式にはバンレイシ（番茘枝）という名で、「釈迦頭《しゃかとう》」という別名もある。果皮全体にごつごつした突起があり、お釈迦さまの頭に似ているというのがその由来だ。シュガーアップルという名の通り、甘味の強い果物だ。

ローズアップルは、レンブ（沖縄ではデンブ）とも呼ばれる果物。表面にワックスを塗ったような光沢があり、食感はサクサク。味が淡白なので、甘味が足りなければ砂糖をかけたり、東南アジアではスイカのように塩をふって食べることもある。

これ以外にも、シュガーアップルの仲間であるカスタードアップル、スターアップル、ベルベットアップルなどがあり、いずれもリンゴとは似てもにつかない果物ばかり。

それなのに、なぜリンゴが出てくるのか？　といえば、ヨーロッパの人々にとっては、リンゴが最もなじみ深いフルーツだから。しかも、リンゴは聖書にも登場する果実だ。そこから転じて、大事なものや価値あるものをリンゴにたとえるようになり、いろいろな果物に「〇〇アップル」という名がつけられるようになったのである。

夕張メロン
「夕張メロン」と名乗るための基準とは？

高価で特別なイメージから、贈答品や入院見舞いに利用されるメロン。なかでも、高級品として知られるのが、北海道夕張市の特産「夕張メロン」だ。

鮮やかなオレンジ色をした果肉に、芳醇《ほうじゅん》な香り、濃厚な甘みをもつ夕張メロンは、「スパイシーカンタロープ」を父、「アールスフェボリット」を母に品種交配によって誕生した品種で、昭和36年に「夕張キング」と名づけられた。じつは、今もこちらが正式名称で、夕張メロンは商標名である。

夕張メロンには、夕張メロンと名乗るための厳しい出荷基準がある。その第一条件は、夕張市内で育てられた夕張キングである、ということだ。

夕張市内で栽培され、収穫されたメロンは、詳細な出荷規格にもとづいて、生産者が「特秀」「秀」「優」「良」にランク分けした後、出荷される。

そのメロンの品質を、より確かなものにしているのが、夕張農協の選果場で行われている品質検査である。

選果場では、生産者から集められた箱詰めメロンが、ベルトコンベアに乗って流れてくる。メロン一つひとつに厳しい目を光らせ、チェックしているのが検査員である。彼らは自身も生産者、つまり生産者のなかから選ばれた人たちが検査を行っているのだ。

検査員は、傷がないか、ネットのかかり具合はどうか、色はどうかなど、夕張メロンを名乗るにふさわしい品質であるかどうかを確認し、気になる部分があれば手にとって感触を確かめ、わずかでも規格をはずれるメロンがあれば除外する。

厳しい品質管理に加え、夕張メロンは5月中旬～8月下旬までの約3カ月間しか出荷されない。その時期にしか味わえない希少性もまた、夕張メロンのブランド価値をより高めているといえる。

日本ワイン

国産ワインとは、どこがどう違う？

百貨店やスーパーのワインコーナーには、さまざまな国産ワインが並んでいる。その国産ワインのラベルをよく見ると、おかしなことに気づく。「国産ワイン」と表示されたワインがある一方、「日本ワイン」と表示されたワインもあるのだ。

これが精肉なら、日本産のものは「国産」と表示され、「日本牛」や「日本産」と書かれることはない。なぜワインには、「国産ワイン」と「日本ワイン」と2種類の表記があるのだろうか？

じつは、「国産ワイン」と記されたワインには、完全な国産でないものが含まれている。日本の法律では、海外から輸入したブドウ果汁を使っていても、国内で醸造したものなら、「国産ワイン」と表示することが認められているのだ。「国産ワイン」と書かれたワインの多くは、この輸入ブドウ果汁を使ってつくられたワインなのだ。

日本で消費されるワインのうち、7割は外国産ワインで、「国産ワイン」と呼ばれるものは3割程度だ。このうち、約8割が、輸入ブドウ果汁を使ったワインであり、国産のブドウを使ったワインは2割程度にすぎない。ワイン全体から見れば、わずか6パーセントということになる。

ワインのつくり手とすれば、自社ワイナリーで丹精こめてつくったブドウを使ったワインと、安い輸入ブドウ果汁を使ったワインが、同じ「国産ワイン」でくくられるのは、しのびない。そこで、1980年代から、国産ブドウを使ったワインを「日本ワイン」と表示する動きが始まった。この動きはしだいに大きくなり、2010年にはサントリーが、2011年にはメルシャンも、国産ブドウ100パーセントのワインを「日本ワイン」と呼ぶようになった。

こうした動きを受けて、国税庁は2015年10月、国産ブドウ100パーセントでつくったワインを「日本ワイン」と定めるという、新たな表示基準を設けた。一方、「国産ワイン」という表示はなくし、日本ワインを含む日本国内で製造されたワインはすべて「国内製造ワイン」と呼ぶことにした。ブドウが国産か外国産かは関係なく、ただ「国内で製造したワイン」というわけだ。「国内製造ワイン」の中で、「日本ワイン」と呼べるものと、そうでないものができることになったのだ。

新しい表示は3年の移行期間を経て、2018年10月から完全施行される。以後、輸入ブドウ果汁を使ったワインは、ラベルに「濃縮還元ぶどう果汁(外国産)」などと明記することも義務づけられるようになる。

氷見の寒ブリ
その「販売証明書」を獲得するまでの手続きのナゾ

富山県は、ホタルイカをはじめ、白エビ、カニなど、海の幸の宝庫。なかでも、冬の富山県を訪れたときには、ぜひとも味わいたいのが、氷見の寒《かん》ブリだ。上品な脂がたっぷりのった身は、刺身はもちろん、ブリしゃぶやブリカマなどの焼き物にしてもおいしい。

回遊魚のブリが富山湾に入ってくるのは、11月の終わり頃。例年、その時期になると、風が吹き荒れ、雷鳴がとどろく。その雷は、地元では「ブリ起こし」と呼ばれ、寒ブリ漁の到来を告げる風物詩となっている。

ブリは日本中で獲れる魚だが、冬の日本海で獲れるブリは、特別に「寒ブリ」と呼ばれる。その寒ブリのなかでも、高級ブランド魚として流通されるのが、氷見沖の定置網でとれる「ひみ寒ブリ」である。

「ひみ寒ブリ」は、氷見漁協が商標登録したブリのブランド名である。氷見漁協では、毎年11月に「ひみ寒ブリ宣言」を出して、寒ブリシーズンの到来を告げる。その期間中、氷見漁港で水揚げされた重さ6kg以上のもの、3歳半くらいのものなど、一定の水準を満たしたブリは、「ひみ寒ブリ」であるという証明書付きで出荷されている。

氷見漁港以外で水揚げされたブリ、氷見漁港で水揚げされたものの、「ひみ寒ブリ」宣言の期間をはずれたブリなどは、販売証明書をつけることが許されず、「ひみブリ」として扱われる。

ひみブリと、さらに上級のブランド魚の「ひみ寒ブリ」を厳密に区別している理由は、むろん氷見でとれた寒ブリを騙る偽物品を排除するためである。そもそも、氷見の寒ブリは、加賀藩初代藩主・前田利家が京都へ配送する指示を出したという記録も残る伝統の逸品。そうした歴史を受け継いできたブランドを守るため、「ひみ寒ブリ」には厳しい基準が設けられているのである。

国産牛
実はオーストラリア生まれもいる!?

おおむね、オーストラリア産などと表示された外国産の牛肉よりも、「国産牛」のほうが値段が張るもの。「国産牛は日本で生まれ育った牛なので、値段が高い」と思っている人もいるだろう。

しかし、「国産牛」と表示された肉のなかには、オーストラリア生まれの牛もいるのが現実。外国生まれであっても、日本で飼育された期間が長い場合は「国産牛」と表示できることが認められているからだ。

たとえば、オーストラリアで生まれた子牛が、生後半年で輸入され、日本で1～2年飼育された場合は「国産牛」を名乗ることができる。実際、こうした〝外国生まれ〟の国産牛が市場で流通している。

これに対して、「日本生まれの日本育ち」の牛肉は「和牛」と呼ばれる。ただし、名前に「和」と付いていても、日本に古くからいる牛を指すわけではなく、日本古来の牛と西洋の牛をかけあわせた牛で、現在では「黒毛和種」「褐色和種《あかげ》」「日本短角種」「無角和種」の4種類が、和牛と呼ばれている。

和牛全体のうち95％を占めるのが黒毛和種で、単に「和牛」といった場合は、この種を指す。黒毛和種は、小型で成長の遅かった在来種に、明治末に導入した外国種を交配・改良したものである。黒毛和種には、松阪牛、米沢牛、神戸ビーフ（但馬《たじま》牛）など名だたる高級銘柄がズラリとそろう。霜降り肉が特徴で、兵庫県但馬地方などで、生まれた仔牛を買い求め、飼育した牛が「松阪牛」や「米沢牛」などのブランド名で販売されているというわけだ。

次いで、明るい褐色が特徴の「褐色和種」は、熊本県や高知県で育てられている肉牛。サシと赤味のバランスがよく、ヘルシーな肉質が特徴だ。

「日本短角種」は、南部牛の血を引く肉牛で、岩手県のほか、青森県、秋田県などでも飼育されている。

「無角和種」は、赤味中心の柔らかい肉質でコクとうま味がたっぷり。ただ、出荷数が少ないため、全国市場には出回らず、おもに地元で消費されている。

もちろん、これらの4種も、大きくいえば、国産牛の仲間だ。しかし、和牛のほうがステータスが高いため、和牛を「国産牛」と表示して販売することはありえない。

ソーセージ
ドイツが〝ソーセージ王国〟になった裏事情

旅行でドイツを訪れた人の悩みの一つは、〝土産問題〟だ。名物のソーセージを「土産に！」と考えても、ソーセージ類の多くは検査証明書がないと、日本に持ち込むことができないのだ。

そのことを現地を訪れてから知ってガクゼン。結局、空港のショップなどで、缶詰や瓶詰のソーセージを土産にしたという経験をお持ちの方もいることだろう。

そのドイツには、ミュンヘナーヴァイスブルスト（ミュンヘンの白ソーセージ）を筆頭に、1500種以上ものソーセージがある。品質もおいしさも世界一といわれるだけあって、フライパンで香ばしく焼き上げ、粒マスタードを付けて食べたり、煮込み料理に使っても、濃厚なうま味がいい出汁になる。もちろん、ドイツビールとの相性は抜群！　さすがは、ソーセージ王国である。

なぜ、ドイツでは、これほどまでにソーセージづくりが盛んになったのだろうか？

その大きな理由は、ドイツの土地が農業に向かなかったからである。

土地が痩せているだけでなく、冬の寒さが厳しいドイツでは、作物がよく育たない。そこで、ドイツの農民は、多産で飼育期間が短い豚の飼育に目をつけた。

さらに農民たちは、豚肉を加工して保存食にできないか？――と考えた。厳しい冬の間、不足しがちなたんぱく源を補うには、豚肉は最適の食材だ。保存のきくソーセージは、何とか生き抜くため、昔の人が考え出した食べ物だったのである。

ソーセージなら、肉はもちろん、腸や胃袋も余すところなく利用できるし、スパイスを使えば、味に変化をつけるのも容易だ。こうして、ドイツでは、各地方、各家庭で工夫され、多種多様なソーセージが生まれることになったのである。

ウインナー
ウインナーの切れ込みをめぐる〝ある物語〟とは？

「SUSHI」「WAGYU」に続き、世界共通語になりつつあるのが、弁当＝BENTOである。なかでも、弁当人気が高まっているのはフランスで、昼時にもなると〝BENTO〟の看板を掲げる店に行列ができるほどのブームになっている。家庭で、手作り弁当を楽しむ人も増えているという。

一方、本家の日本では、「デコ弁」や「キャラ弁」が静かな人気。味はもちろんのこと、〝見た目〟でも弁当を楽しもうと、色合いや盛りつけに凝る人が増えている。

そのさい、重宝する食材がウインナーで、デコ弁などには、ウインナーの飾り切りが欠かせない。今は「ぞうさんウインナー」「うさぎさんウインナー」など、バリエーションが増えているが、〝動物系ウインナー〟の原点は、むろん「タコさんウインナー」である。

ウインナーの端に切れ込みを入れて炒めると、まるでタコの足のように広がって、昭和時代の子どもたちを喜ばせたものだが、そのタコさんウインナーを考案し、世に広めた人物が、尚道子さんだ。

といってピンと来ない人が多いかもしれないが、彼女は、NHKの長寿番組『きょうの料理』の講師として長年活躍した人物。「おいしゅうございます」のフレーズで知られた料理研究家・岸朝子さんのお姉さんでもある。

尚さんは、ウィンナーに切り込みを入れることを日本で最初に考案した人物。欧米では、ウインナーはフォークで食べる。それに対して、日本では箸でつまみあげて食べる。そのとき、箸がすべらないように、ウインナーに切れ込みを入れることを思いついたのが、尚さんだった。

弁当のウインナーを「タコさん」にするのは面倒でも、切れ込みを入れるお母さんは今も少なくないだろう。

「どうして切れ込みを入れるのか？」と問われれば、うーんとうなってしまいそうだが、それは「ウインナーを箸で食べやすく」と考えた料理研究家のやさしさから生まれた工夫だった。今も、ウインナーに切れ込みを入れる習慣があるのは、日本だけだ。

ちくわ

〝気仙沼のかまぼこ〟が、全国区の練り物になるまで

給食で人気の磯辺揚げをはじめ、きゅうりやチーズを〝穴〟にいれておつまみにし

たり、おでんなどの煮物にも使われる「ちくわ」。かまぼこ同様、日本の食卓に根づいているおなじみの魚肉練り製品だ。

そのちくわの発祥の地は宮城県だとみられる。

ちくわ誕生の経緯はこうだ。明治時代の前半、気仙沼に住んでいた菅野留野助が、「新しいかまぼこを作ろう」と兄の庄五郎に声をかけた。

すでに、かまぼこは、ヒラメや鯛などの大漁が続いたさい、とった魚を廃棄せずに利用する方法として生み出されていた。ある料理人が、港にあがった白身をすり身にして、手で叩いてのばし、火にあぶったところ、おいしいし、鮮魚よりも日持ちがするということで、盛んに作られるようになっていたのである。

という経緯を受けて、留野助と庄五郎は、新しい魚練物の加工品の開発をはじめ、1882年（明治15）、篠竹《すずたけ》でつくった串に、魚のすり身を巻いて焼き上げた。それが、ちくわの原点だ。

一方、その新しいかまぼこの販売を引き受けたのは、東京の魚問屋の鈴木留次郎という人物。留次郎は、焼きあがった新しいかまぼこの形が竹の節に似ていたことから、「竹輪かまぼこ」と名づけ、東京、大阪、神戸などで売りはじめた。

穴のあいたかまぼこ＝ちくわを最初に作った菅野兄弟の発想力もさることながら、それに目をつけた鈴木の目利き力、プロデュース力に後押しされて、ちくわは全国区の練り物に成長したのである。

そのちくわの材料に使われてたのは、気仙沼漁港にあがるサメの肉だった。サメは、フカヒレは高級乾物として利用できても、身のほうはアンモニア臭いといわれて食用には好まれず、廃棄される運命だった。ところが、竹輪かまぼこは、サメを原料にしてもおいしく作れるため、安価に大量生産できるようになり、やがてはかまぼこにも劣らぬ人気食材として成長したのである。

和牛

和牛の世界でも〝少子化〟がはじまった理由とは？

和牛の肉質の特徴は「脂肪交雑」（霜降り）。その霜降り肉を求めて、近年は海外でも研究開発が進み、〝本家〟の和牛に肉薄する品質の「外国産ＷＡＧＹＵ」も生まれている。

一方、国内では、和牛の世界でも〝少子化〟がはじまり、生産者を苦しめている。

和牛の生産者は、「繁殖農家」と「肥育農家」に分かれている。仔牛を生ませて約10カ月育てるのが繁殖農家。肥育農家は、繁殖農家から仔牛を仕入れ、約20カ月間飼育する。ところが、繁殖農家の高齢化がすすみ、離農する人も増えて、仔牛の数が年々減っているのである。

和牛は、生産コストのうち、6割が仔牛の購入費で、2割ほどがエサ代だが、仔牛の数が減れば、その値段はおのずと上がる。最近では、仔牛1頭あたりの購入価格が約100万円と過去の2倍にも跳ね上がり、その費用が肥育農家に重くのしかかっているのだ。

それだけではない。高値で仕入れた子牛を20カ月かけて飼育しているあいだに、海外和牛の輸入量が増えて、和牛の価格が下がれば、農家は儲けどころか、赤字をこうむるリスクもあるのだ。

現在、繁殖・肥育を一貫化し、生産コストを下げる試みも始まっている。それが成功すれば、和牛の価格も下がるかもしれないが、庶民が気軽に楽しめるようになる日が来るのは、まだすこし先の話になりそうだ。

エビ

甘えび、川エビ、クルマエビ…ってどんなエビ？

料理初心者にとって、買い方の難しい食材のひとつがエビ。種類が多いだけでなく、エビには一般に広く親しまれている「通称」と「正式名称」が異なるものが多い。そのため、「レシピの材料に『小エビ』と書いてあるけど、何エビを買ってくればいいわけ？」と、調理に入る前に悩む人もいる。

たとえば、寿司ネタでおなじみの「甘エビ」も、通称と正式名称が異なるエビのひとつ。このエビの正式名称は、「ホッコクアカエビ」という。

寒海に生息するエビだが、その身の甘さから、「甘エビ」の名で親しまれるようになった。

居酒屋のつまみメニューなどで見かける「川海老のから揚げ」の「川海老」もそうだ。

これは、川に棲んでいるエビという意味の通称。メニューには「川海老」と書かれていても、川や河口付近を生息域とする淡水生のテナガエビなどが使われている。

一方、「ブラックタイガー」は、体が大きく、見栄えがすることから、見た目も豪華なエビフライを作りたいときに重宝するエビだ。

ブラックタイガーは、十脚目クルマエビ科に属するエビで、体長は最大で30センチ超にもなるクルマエビ科の中では最大級のエビ。姿はクルマエビに似ているが、クルマエビとは別モノのエビである。

クルマエビは、英語名を「タイガーシュリンプ」という。名前の由来は、縞模様がトラによく似ているから。同じように、ブラックタイガーにも、縞模様が入っているが、クルマエビよりも全体に黒っぽい。

つまり、タイガーシュリンプ（クルマエビ）より色黒のエビというわけで、「ブラックタイガー」と名づけられたのである。

ただし、これはあくまで英名の話である。ブラックタイガーの日本名は〝トラ〟とは無関係で、「ウシエビ」という。海で生きるエビなのに、英語ではトラと名づけられ、さらに日本では「ウシ」の名前を持つという、ちょっぴりややこしいエビなのである。

江戸前寿司

水産庁の定義で「江戸前」ってどこからどこまで?

「江戸前寿司」というと、一般には煮たり、酢で締めたりと、ちょっとした〝仕事〟をした寿司ネタを使った寿司を指す。このときの「江戸前」は、「江戸の流儀の」という意味だ。

じつは「江戸前」には、もう一つ、文字どおり「江戸の前」、あるいは「江戸城の前」という意味もある。「江戸前の魚」なら江戸の前で捕れた魚、「江戸前の海苔」なら江戸の前で採れた海苔というわけだ。

その「江戸の前」がどのあたりを指すかというと、江戸時代は芝や品川あたりの近海を指した。

明治以降、東京湾北部沿岸の埋め立てが進むと、漁場は沖合に移っていく。さらに、第2次世界大戦後は水質汚染が深刻化し、漁場はさらに南下した。

「江戸前の魚」というのは、漁業関係者にとっては、一種のブランドといえる。そこで、漁業関係者のあいだでは、千葉県の富津岬と神奈川県の観音崎を結ぶ線の内側までは「江戸前」と呼べるのではないか、という意見が出てきた。魚は東京湾内を回遊しているので、そのあたりの魚も、芝や品川あたりの魚も同じと考えていいじゃないか、というわけだ。これを江戸前の定義に関する「東京湾内湾説」という。

さらには、もっと遠くまで含めてもいい、という意見も登場した。千葉県の房総半島の先端の洲崎と三浦半島の先にある剣崎《つるぎざき》を結んだ線までを「江戸前」とする　というものだ。こちらは「東京湾外湾説」という。

むろん、「江戸前の魚」の定義がまちまちでは、漁業関係者も消費者も混乱する。そこで、2005年、水産庁の「豊かな東京湾再生検討委員会食文化分科会」が、「江戸前」を以下のように定義づけた。「東京湾全体でとれた新鮮な魚介類」というものので、つまりは「東京湾外湾説」が採用されたというわけだ。

分科会では、その理由として、内湾と外湾を行き来する魚が多いことと、江戸前寿司と呼ばれる寿司には、外湾で採れる魚介類も多く使われているということを挙げている。

納豆

水戸の納豆だけがやけに有名になったのは？

納豆は、かつては東日本の食べ物だったが、いまや西日本も制して、全国区の食品となった。その納豆の中でも、最有力ブランドは水戸納豆だ。

納豆は全国で生産されているのに、茨城県の水戸納豆が最も有名になったのは、品質がすぐれていたからだけではない。今の言葉でいえば、マーケティングで大成功したからだ。

江戸時代から、水戸藩では納豆づくりが盛んで、黄門様として知られる徳川光圀も、有事の備蓄食糧として納豆づくりを勧めていたといわれる。ただし、江戸時代、水戸の納豆が全国的に知られることはなかった。

水戸の納豆が有名になるのは、明治時代になってからだ。まず、水戸納豆の有名ブランド「天狗納豆」の創始者である初代笹沼清左衛門が、納豆の商品化を構想する。彼は仙台で納豆の製造を学び、試行錯誤を繰り返したのち、独特の糸引《いとひき》納豆の開発に成功する。彼は、その納豆を「天狗納豆」の名で売り出した。「天狗」の名は、水戸の幕末の尊皇攘夷派として知られた水戸天狗党に由来する。

清左衛門は、納豆を販売するにあたって、独自の販売方法を考案する。それまで、納豆の販売といえば、リヤカーを引いて売り歩くのが普通だったが、彼が目をつけたのは、1889年（明治22）に開通した水戸鉄道である。ちょうど同じ年に、天狗納豆を創業していた彼は、水戸鉄道の水戸駅前で納豆を販売することを思いついたのだ。

水戸鉄道の創業は一大イベントであり、開通式には榎本武揚といった大物も参列したほどだ。水戸駅は人でにぎわい、駅前広場で売られる天狗納豆はたちまち広く知られることになった。それまでは、リヤカーによる巡回方式で売られていた納豆が、駅で集中販売されることになったのだ。

駅のホームで販売すると、水戸の天狗納豆の評判は、乗客の口コミによって、関東一円に広まっていった。やがて、納豆といえば水戸というイメージが、少なくとも関東地方では定着し、水戸納豆はブランド化に成功したのである。

column 食べ物をめぐる大疑問①

島根県では、弁当の品数が平均5・8品もあるって本当？

島根県は、料理の品数が多いことで有名な県である。たとえば、調査によると、島根県の弁当のおかずの品数は平均5・8品で、これは全国一の数字。

島根県では、食堂などで提供される日替わりランチや定食も、おかずの品数が多い。小鉢が1品のみならず、2品、さらには3品以上付いてくることが多いのだ。皿の横に、目玉焼きや玉子焼き、ポテトサラダ、パスタなどを添える店も多い。

島根県民が弁当や定食のおかずの品数にこだわるのは、次のような歴史が背景にあるという。島根県の中でも、東部に位置する松江市は、江戸時代、城下町として栄えた。「不昧公《ふまいこう》」の名で知られる藩主・松平治郷は、茶人、グルメとして有名な人物。その影響もあって、出雲地方、こと松江では、食べ物に関心の高い人が増えた。

また、島根県の緯度は東京とそう変わらないが、冬はかなり寒いし、年間を通じて雨の日も多い。「弁当忘れても傘忘れるな」という言葉もあるほどで、そんな環境にあれば、保存食を好む傾向が高くなる。冷蔵庫には、つねに保存食や常備菜が用意されている家庭が少なくない。そうしたメニューが、食卓にのぼるため、これまた品数の多さにつながっているという。

2

産地から食卓まで…
気になる食べ物の
裏側は？

トマト
暑さに強い野菜を夏場でもハウス栽培する裏事情

トマトの原産地は、南アメリカのアンデス山脈からメキシコにかけての暑い地域。そのため、本来、夏野菜のトマトが真冬でも食べられるのは、ハウス栽培のおかげだが、トマトの不思議なところは、真夏の暑いさなかでも、ビニールハウスで栽培されていること。それは、「実割れ」という現象を防ぐためだ。

家庭菜園でトマトを栽培したことがある人なら、色づいた実を収穫しようと思った矢先、ヒビ割れているのを発見してがっくりという経験をしたことがあるだろう。それは、肥料不足や害虫のせいではなく、水分管理の失敗から起きることが多い。

トマトは、果肉と皮が同時に大きくなり、実が一定の大きさになったところで、皮と果肉の成長はストップし、成熟して赤く色づいていく。ところが、その段階になってから、雨が降るなどして大量の水を吸収すると、果肉が水分を吸収して膨張する。しかし、皮の成長はすでに止まっているため、果肉がさらにふくらむと、皮目が裂けて茶色いヒビがはいるというわけだ。

そこで、トマト農家では、雨による急激な水分吸収を防ぐため、真夏でもビニールハウス内で栽培するというわけだ。実割れを起こしたトマトは価格が大幅に落ちるため、農家にとって、その防止は重要な作業なのである。

家庭菜園の場合は、厳重に水分管理することはできないので、トマトの実が成熟して色づいたら、株につけたままにせず、こまめに収穫するといい。じつは、トマトのおいしさは、見た目では判断できない。赤く色づいていても糖度が低いこともあれば、まだ青さが残っていても甘いこともある。その点、「実割れ」の茶色いヒビは、皮の成長が止まっているシグナルであり、完熟している証拠でもある。見た目は多少悪くても、果肉は十分に甘く、おいしくいただけるはずである。

日本酒
酒を仕込んでいる間、職人が口にしない食べ物とは？

日本酒は、米を発酵させてつくるアルコール飲料。タンク内に蒸した酒米と水、麹《こうじ》、酵母を入れることで、米の糖化とアルコール発酵を同時に行う。そんな酒造りは、最高責任者である杜氏《とうじ》のもと、職人たちによって、10月頃から翌年4月頃まで、およそ半年間かけて行われる。

じつは、その期間中、職人らが食べてはいけないとされる食べ物がある。納豆である。納豆は、大豆を納豆菌で発酵させた発酵食品だ。納豆に含まれる納豆菌が、酒造り用の麹菌や酵母に悪影響をおよぼすおそれがあるからだ。

職人が朝に食べた納豆が手や髪などについて、そこから納豆菌が麹に混入すると、麹は納豆のようにネバネバになってしまうのだ。

納豆菌がやっかいなのは、繁殖しやすい温度や湿度が、麹菌とほぼ同じことだ。しかも納豆菌はひじょうに強い菌なので、戦えばかならず麹菌が負ける。つまり、ひとたび、納豆菌が入り込めば、間違いなく麹はネバネバになるということだ。すると、酒造りに必要な酵素が生まれなくなり、酒造りどころではなくなってしまう。

ひとたび、納豆菌に侵されると、酒蔵では麹づくりを行う麹室を丸ごと殺菌しなければならない。納豆菌の繁殖によって、酒造りができなくなることもあるのだ。とりわけ昔は、納豆に野生の納豆菌を使っていたため、繁殖力がひじょうに強かった。納豆を食べたあと、歯磨きをしたり、手を洗ったりするだけでは、納豆菌が落ちず、酒蔵に入り込むことがあったのだ。

現在の納豆菌は純粋培養された、野生のものよりは弱い菌なので、歯磨きや手洗いで、ほぼ落とすことができる。その意味では、納豆を食べてもよさそうなものだが、いまだ多くの酒蔵では、大事をとって、酒造りを行う半年間は納豆を食べないようにしている。

近年は、中を見学をさせてくれる酒蔵も増えているが、酒蔵では納豆がタブーであることを心得て、酒蔵を見学する日には、納豆を食べずに行くぐらいの配慮はしたいものだ。

マスクメロン
どうしてT字形のツルを残して出荷するのか

中央アジア原産のマスクメロンが、日本に入ってきたのは、明治時代のこと。そのマスクメロンをいち早く輸入し、日本ではじめて口にしたのは、大隈重信だったといわれる。政治家として首相などを歴任、早稲田大学を創立した人物だ。

大隈は政治家たちを自宅に招き、高価なマスクメロンをふるまったという。狙いは政界での影響力維持のためだったともいわれるが、それ以前に彼自身が大のメロン好きであったことは確か。大隈は、晩年には、マスクメロンの栽培に凝り、大正9年には自邸でその試食会を開催している。

現在では、マスクメロンは温室で、温度・湿度はもちろん、水や肥料の量もコンピュータで徹底管理された状態で、栽培されている。しかも、1本の木で栽培される果実はたった1つだけ。たくさん実をつけても、優秀な実を除いて、ほかはすべて摘み取ってしまうのだ。

マスクメロンのシンボル「T字のツル」にも、その意味が込められている。1本の木で1つの果実を収穫したことの証として、マスクメロンのツルをつけたまま出荷されているのだ。

ひとつの実に栄養を集中させることで、濃厚な甘みや芳醇な香りをより楽しめるというわけだが、おいしさを存分に堪能するには、食べ頃を見極めることも重要だ。メロンの箱には「食べ頃は○日後」などと記されているが、季節や保管の状態によってズレが生じてしまう。

そんなときは、ツルを観察してみるといい。ツルが青々としているときは、まだ実がかたい状態。逆に、ツルが完全に枯れてしまったものは熟しすぎだ。ツルはほぼ枯れているが、付け根の部分にまだ黄緑色を残しているのが、ちょうど食べ頃のサインだ。

スイカ
「スイカのタネの8割を握る県」って一体どこ？

青森県は、いわずとしれたリンゴの産地。桃といえば、山梨県や岡山県が有名。では、スイカの産地は？――と問われると、熊本県や千葉県あたりを思い浮かべる人が多いことだろう。実際、出荷量の順でいえば、熊本県、千葉県、山形県、鳥取県が上位を占めている。

だが、スイカを育てるためには「種」が必要。その種の産地はどことといえば、奈良県が圧倒的シェアを誇っている。

奈良県は、戦前までは、国内きってのスイカの名産地だった。そのはじまりは18

67年（慶応3）、現在の天理市に住んでいた園芸家・巽権次郎《たつみごんじろう》が、三河国からスイカの種を持ち帰ったことにはじまる。試作に成功し、「権次郎スイカ」と名づけられた。その後、奈良県内ではスイカ栽培が盛んになり、品種改良が重ねられる。昭和3年に誕生した「大和スイカ」にはとりわけ人気が集まり、奈良県はスイカの名産地として不動の地位を築くことになった。

その奈良県は、今も「スイカの種」に関しては圧倒的シェアを誇っている。まず、同県磯城郡田原本町法貴寺にある株式会社萩原農場は、スイカの種子のトップメーカー。萩原農場以外の複数の種苗メーカーを合わせると、全国に流通しているスイカの種の8割以上を奈良県産を占めている。

イチゴ

イチゴの旬が春から冬に変わった理由

イチゴは、ちょっと不思議な果物だ。「赤くて可愛い」というイメージから、子ども向けファンシーグッズなどには、「イチゴ柄」が多用されているが、実物のイチゴには表面に小さなツブツブがあり、じっと観察すると、不気味な感じがしないでもない。

その表面のツブツブも、不思議のひとつだ。じつは、あの小さな粒こそが、「イチゴの実」。実だと思って食べている部分は、花を支えていた花托《かたく》がふくらんだものである。では、イチゴの種はどこにあるかというと、イチゴの実のなか、つまり表面の小さなツブツブの中にある。

以上は、〝イチゴ自身〟の不思議だが、もう一つ「旬」にかかわる不思議もある。イチゴはかつて4～5月が出荷時期で、その後は店頭から姿を消していたはず。

ところが、現在では、晩秋にふたたび姿を見せはじめ、真冬を迎える12月にはところ狭しと店頭に並んでいる。現代のイチゴは、年間20トンの出荷量のうち、70パーセントまでが冬場に出荷されている〝冬の果物〟なのだ。

だからといって、イチゴ本来の旬が変わったわけではない。冬にイチゴの出荷が増えた理由は、ハウス栽培の普及だ。露地栽培が主流だった時代は、春しか収穫できなかったが、1960年代からハウス栽培が増えはじめ、季節を問わずに収穫できるようになったのだ。

ハウス栽培が盛んになるにつれ、消費者の意識も変化していった。イチゴに対するニーズが「春から冬」にシフトしたのである。

なかでも、よく売れるのは12月。イチゴは、クリスマスカラーを象徴する真っ赤なフルーツであり、その赤いイチゴを使ったクリスマスケーキが日本に定着した。そこから、冬の需要が急激に伸びたのである。

また、気温の低い冬のほうが傷みが少ないことや、冬場はライバルとなる他の果物が少ないことも関係している。というわけで、イチゴの冬場の出荷量が増えたのは、不思議でも何でもなく、「冬のほうがよく売れるから」という、ごく常識的な理由からだった。

スイカ
カボチャの根でスイカが育つフシギ

農家で使われている「いや地」という言葉を聞いたことがあるだろうか。スイカ、トマト、ナスなどを前年と同じ場所で連続して栽培すると、発育が悪くなったり、枯れたりする。それを古い呼び方では「いや地」、正式には連作障害という。

いや地が起きる理由はいくつか考えられるが、そのひとつは、前に作った作物が土壌の栄養を吸い尽くし、土が栄養失調のようになってしまうこと。

また、前年に作った野菜に寄生していた病害虫が土に残っている場合や、野菜が自分で出した毒素が土に多くたまり、自家中毒を起こしてしまうことなどが、おもな原因と考えられている。

連作によって起きる障害は、野菜の種類によって異なり、翌年から生育がひどく悪くなるものもあれば、数年経つうちに、だんだん生育が悪くなる野菜もある。なかでも、連作を嫌うのがスイカで、同じ場所で栽培するには、5年は間をあける必要がある。

そこで考案されたのが、カボチャとスイカを接ぎ木する方法。接ぎ木とは、育てたい植物の芽を、別の品種の台木に接いで栽培することだ。

方法は、ざっと次のとおり。スイカのタネと、台木にするカボチャの種をまき、それぞれ双葉が出るまで成長させる。スイカの苗は茎（胚軸）が、8～10センチ長さになるよう切ってから、カミソリで茎の両面を削ぎ、先端を尖らせる。

台木のカボチャは根を残し、双葉の中心に縦にカミソリを入れ、茎を割るように切り込みを入れる。切れ込みの入ったカボチャの苗に、スイカの苗を差し込んで定着させる。

カボチャは連作に強い作物のため、「上はスイカ、下はカボチャ」の状態になった苗を畑に植えれば、同じ場所でスイカを連作できるというわけである。

アボカド
アメリカ産は太りやすく、フィリピン産はそうでもない!?

アボカドが日本に入ってきたのは、一世紀ほど前のことだが、ポピュラーな食材になったのは、ここ四半世紀のこと。そのきっかけとなったのは、アボカドをノリで巻いた「カリフォルニアロール」。アメリカで、そんな寿司が食べられているという、当時としてはショッキングなニュースによって、アボカドの知名度は一気に上がり、人気に火がつくことになった。

現在では、フルーツとして食べるほかに、料理用の食材としても使われている。わさびしょう油で刺身風にというシンプルな料理から、アボカドディップとマグロやサーモンなどを和えたり、ちらし寿司のトッピング、アボカドと豆乳を使った鍋料理など、和洋のジャンルを問わず、さまざまな料理に使われている。酸味や甘味、香りなど独特のクセがないアボカドは、使い勝手がいい食材なのである。加えて、栄養価が高いことも、人気を後押ししている。別名「森のバター」と称されるように、ねっとりした果肉には、脂肪分がたっぷり含まれ、その脂質はコレステロールを減らす働きのあるオレイン酸が主体。高血圧や動脈硬化などの予防に役立つといわれている。

さらに、ビタミンEなどのビタミン類、リン、鉄、カリウムなどのミネラル、食物繊維も豊富に含まれているため、美肌や便秘予防にも役立つといわれる。

ただし、栄養価が高いぶん、カロリーも高いわけで、1個当たり187キロカロリーもある。食べ過ぎは禁物だが、おいしく食べてカロリーを抑える裏ワザがある。アボカドに含まれる脂肪分は、産地によって違いがあるので、産地を選んで買えばよいのだ。

アボカドは、メキシコ、ドミニカ共和国、ペルーなど、原産地に近い中南米で盛んに生産されているが、その他では、インドネシアやアメリカが主な産地である。

このうち、もっとも脂肪分を多く含むのが、アメリカ・カリフォルニア産で17パーセントほど。もっとも少ないのは、フィリピン産で脂肪分は6パーセント前後。カロリーが気になる人には、フィリピン産をおすすめしたい。

柿

柿の品種改良がなかなか進まないのはどうして？

昔から「桃、栗3年、柿8年、ユズの大馬鹿18年」といわれるとおり、桃や栗は最初に実をつけるまでに3年、柿なら8年もの年月がかかる。おいしい果物を作りたいのはやまやまだが、このスピード時代に何年も待っていられない！——というわけで、果樹農家では挿し木や接ぎ木など、さまざまな方法で品種改良を行ってきた。

努力のかいあって、種なしぶどうや種なしびわ、皮がむきやすい柑橘類など、消費者ニーズに合わせた新しい果物が次々と世に送り出されてきた。

その波にすっかり乗り遅れているのが、柿である。思えば、柿は昔から見た目も味もほぼ変わらない。すぐに柔らかくなってしまう厄介な性質も、以前のまま。そこが柿のよさだろうという人もいるかもしれないが、市場での人気は低迷気味で、生産量は減り続けている。

むろん、柿農家も、本当は「シャリシャリした食感が長持ちする柿」や「皮がむきやすい柿」など、これまでにない柿を売り出したいはずだが、品種改良は遅々として進んでいない。

柿の新品種には、渋抜きの必要がない柿が求められるが、中国から日本にわたってきた柿は、基本的にはすべて「渋柿」である。富有柿や次郎柿などの甘柿は、鎌倉時代、突然変異によって生まれたもので、現在1000以上ある在来品種のうち、完全な甘柿はわずか17種類に過ぎない。

それは、渋柿のほうが、甘柿よりも、遺伝的に優性だからだ。品種改良には、優位な渋柿を親に使ったほうが、すぐれた柿が生まれやすい。その反面、渋い性質を持つ遺伝子を持った柿を掛け合わせると、甘柿が生まれる確率はガクンと落ちてしまう。

そのディレンマを乗り越えられず、柿の品種改良は実質的にストップしていた。ただし、近年は、果物の遺伝子解析が進んだことで、甘柿の試験栽培が行われるようになっている。ひょっとすると、将来、画期的な柿が誕生するかもしれない。

キュウリ
どうして1日に2回、収穫するのか

キュウリは、手頃な値段で一年中手に入ることから、栽培が簡単だと思われがちだが、それは大きな誤解というもの。キュウリは傷がついたり曲がったりすると、規格外となって商品にならない。近年は、〝根曲がりキュウリ〟を扱う青果店も増えてはいるが、あくまでB級品扱いのため、取引価格は安く、大した儲けにはならないのである。

そのため、キュウリ農家では、規格に合わせるため、手間をかけて育てている。とりわけ、キュウリは、ほかの野菜にくらべて、成長スピードが速いので、収穫のタイミングに気をつかうことになる。

農家では、1本100グラムを目標に収穫のタイミングをはかることが多いが、キュウリは1日のうちでもグングン成長するため、一日に2回は収穫する必要がある。

高齢化、そして人手不足が深刻な農家にとって、キュウリの収穫作業は重労働なのだ。

農家の人たちが手塩にかけて育てたキュウリを買ったときは、ムダなくおいしく食べきりたいものだが、キュウリは成分の95パーセント以上が水分であり、日持ちしない。時間が経つと、水分が蒸発し、てきめん味が落ちてしまうのだ。食べるのをうっかり忘れていると、安くまとめ買いしたキュウリが冷蔵庫でぐったり……ということになりやすい。

長持ちさせるには、キュウリの水気をしっかり拭い、一本ずつペーパータオルで包んで、ポリ袋に入れて軽く口を閉じる。さらにヘタを上にして、立てて野菜室に保存する。このようにして、収穫前に近い状態にすると、キュウリにストレスがかかりにくくなり、新鮮さをキープできる。

コメ
山梨県でほとんどコメがつくられないのは？

山梨県は、全国一のブドウの産地。その一方、コメの生産高の少ない県でもある。

山梨県の米生産高は、2016年の調査でも、全国43位である。山梨県の下にあるのは、大阪府、神奈川県、沖縄県、東京都のみとなる。作付け面積自体も、全国44位だ。

これは、いまにはじまった話ではない。山梨県のコメの生産は、昔から少ない。山梨県が甲斐国を名乗っていた時代、慶長年間(1596~1615)で23万石程度でしかなかった。これは、武蔵の67万石にはるかにおよばず、河内の24万石よりも少ない。甲斐を統治していた武田信玄は、石高の乏しい国で兵を養わねばならなかった。だからこそ、信玄は信濃や駿河に進出していくしかなかったといえる。

結論をいうと、山梨県は米作に不向きな地域なのである。山梨県内の中心地は甲府盆地だが、同盆地の地質は水はけがよく、果樹栽培には適している。ただ、それは裏を返せば、米作に好適な湿地が存在しないということである。

さらに、山梨県は雨量が少ない。年間1100ミリ程度であり、全国平均を大きく下回っている。少雨量という環境は、ブドウ栽培には適していても、米作には適さない。ほとほと、山梨県は米作に不向きな環境にあるのだ。

山梨県の農家がブドウをはじめとする果樹栽培に活路を見いだしたのは、コメを思うようにつくれなかったからといえる。

コメ
コメの面積あたりの収穫量で、長野県が日本一のワケ

日本一のコメどころといえば、量では新潟県と北海道が二大トップになる。それとは別に、面積当たりの収穫量で見ると、浮上するのが、長野県だ。

長野県のコメ収穫量は、総量では、コメ王国・新潟県の半分程度にすぎない。だが、10アール当たりの水稲の収穫量ランキングでは、おおむね長野県が日本一の座にある。

山形県や青森県といったライバルに抜かれる年もあるが、そのたびに首位の座を奪還しているのだ。

面積当たりの収穫量の多さは、その土地の水稲栽培レベルの高さを意味する。そこには環境要因もあれば、すぐれた栽培技術の導入、さらには農家の努力といった要因も加わる。長野県は環境に恵まれているうえ、農家の努力もあって、高いレベルの米

作地帯となっているのだ。

稲作に関して長野県の環境的な強みは、四方を山に囲まれた冷涼な気候と、少ない降水量にある。コメは、もともとは亜熱帯性の植物ではあるが、意外なことに、一日のうちで寒暖差があるほど、よく実をつけるのだ。その点、長野県は、四方を山に囲まれた盆地気候ということもあって、夏、日中は暑いが、夜は冷える。この夜の寒さが、コメ粒の生育にとっては重要なのだ。

夜の気温が高いと、植物の活動はさかんになり、呼吸量が大きくなる。呼吸するにはエネルギーが必要なので、養分が使われ、稲の実にたくわえられる養分は少なくなる。そのため、西日本は、夜も気温が高いので、面積当たりの収穫量は低くなりがちだ。

一方、長野県は夜間は気温が下がるので、呼吸量が少なくなる。その分、養分が呼吸で消費される量は少なくなり、稲の実に養分が集まりやすいのだ。

それでいて、長野県は、夏場は日中の気温はそう低くならないし、日射量もある。そのため、長野県の稲はしっかり光合成でき、養分を蓄えることができるのだ。

また、長野県は降水量が適度に少ないので、稲が病気になりにくい。さらには、ウンカをはじめとする害虫被害も少なく、長野県の稲は健全に育ちやすいというわけだ。

ブロッコリー なぜわざわざ氷詰めで輸送するのか

ブロッコリーの先祖は、青汁の原料として知られるキャベツの一種「ケール」を改良したもので、古代ローマ時代にはすでに食べられていた。そのケールがイタリアで改良され、やがてブロッコリーとしてヨーロッパ中に広まったのである。

日本にはいってきたのは明治時代のことだったが、一般家庭にはなかなか浸透せず、本格的に栽培が開始されたのは、戦後になってからのことだ。それでも、需要はなかなかのびなかったが、１９８０年代、アメリカなどからの輸入品が増えたことで入手しやすくなり、その頃から、急激に需要をのばすことになった。

現在、ブロッコリーは、愛知県、埼玉県、北海道などで生産されている。その輸送に関して、ほかの野菜と違うところは、氷詰めで運ばれていること。そうするのは、ブロッコリーは実や根ではなく、頭頂部の「ツボミ」を食べる野菜だからだ。

ブロッコリーは、ツボミが開花する寸前で収穫することもあって、鮮度がすぐに落ちてしまう。時間が経つと、すぐに黄ばみ、花が付いてしまうこともある。そこで、輸送するさいには、耐水性の段ボールにブロッコリーを入れ、シャーベット状の氷水を詰めて品質を保っているのである。そのブロッコリーは、βカロテンやビタミンCが豊富なだけでなく、スルフォラファンという成分に抗酸化作用や解毒作用があり、それがガン予防に役立つとして注目を集めている。

スルフォラファンがもっとも多くなるのは、発芽して3日目のスプラウト（新芽）だが、ツボミにも茎にもしっかり含まれているので、茎も捨てずに食べきるようにしたい。加熱するときは、ビタミンCを流出させないように、さっとゆで、水にさらさないこともポイントだ。

伊勢エビ

本場・伊勢と漁獲量日本一を争う場所ってどこ？

伊勢エビといえば、三重県の名産。伊勢エビという名は、むろん産地である伊勢に由来し、伊勢エビは三重県の県魚にさえなっている。

ただし、伊勢エビは三重県のみでとれるわけではない。伊勢エビは世界の熱帯海域に分布し、日本では房総半島から九州にかけての太平洋沿岸に生息している。

事実、伊勢エビの漁獲高で、ひところは、千葉県が本場であるはずの三重県を上回ったこともあるのである。２００３年など、千葉県の漁獲量は４１６トンと、三重県の2倍にも達したこともあるほどだ。

しかし、その後、三重県も巻き返す。２００９年には三重県の漁獲高は千葉県に5トン差と迫り，２０１６年の時点では２４３トンと日本一の座に返り咲いている。ただし、同年の千葉県の漁獲量は２４２トンとわずかに1トン差であり、現在は三重県と千葉県で伊勢エビの漁獲高日本一を僅差で争っている状態といえる。これにつづくのが、和歌山県、静岡県である。

千葉県は、じつは伊勢エビの生息する北限である。そんな海域が伊勢エビの一大産地となっているのは、房総沖で寒流の親潮（千島海流）と暖流の黒潮（北太平洋海流）がぶつかっているからだ。親潮の豊富な植物プランクトンが、黒潮によって温められると、急激に増殖をはじめる。そのため、房総沖には植物プランクトンが豊富にあり、それを求めて小魚が集まる。小魚を追って他の魚介類も増え、伊勢エビもまた房総沖に多数生息しているのだ。

紅茶
日本産の紅茶をあまり見かけないのはなぜ？

紅茶というと、緑茶とはまったく別物と思っている人もいるが、もとは同じ茶葉を使っている。違うのは発酵しているかどうかで、摘んできた茶葉をすぐに加熱して、発酵しないようにしたものが緑茶、完全に発酵したものが紅茶だ。発酵途中で加熱し、半発酵状態にするとウーロン茶になる。

緑茶の茶葉は、静岡県や福岡県をはじめ、国内の茶畑で生産されている。国産が当たり前なのに、同じ茶葉を使っているはずの紅茶の場合、国産はほとんど見かけない。紅茶の茶葉の大半は、インド、スリランカ、ケニアなどから輸入されている。

それが、現在の日本の紅茶事情だが、かつては違った。明治期の日本では、国策として紅茶を生産していた。しかも、当時の紅茶は、生糸と並んで、日本の二大輸出商品だった。政府は栽培を奨励、東京、四国、九州などに伝習所が設けられ、日本の気候に合う茶の木の品種改良も行われていた。

そんな中、日本の紅茶生産は、1930年代に第1次ピークを迎える。1929年に起きた世界恐慌の影響で、紅茶の価格が大暴落し、インドをはじめとする茶業者が輸出を抑制する。そのとき、日本の紅茶が脚光を浴び、需要がうなぎのぼりに伸びたのだ。1933年には39トンだった輸出量が、1937年には6350トンにまで激増した。

その後、第2次世界大戦により、輸出量は130トンにまで落ちるが、戦後はアジアの産地が荒廃したこともあり、日本産の紅茶が再び脚光を浴びる。1955年には5181トンと、戦前に近い輸出量にまで回復する。

ところが、日本経済の高度成長に伴う人件費の高騰などから、日本の紅茶は価格競争力を失いはじめる。1959年から始まった紅茶の振興計画も、1963年にはストップ。1971年には、紅茶の輸入が自由化され、日本人が飲む紅茶の大半は外国産となったのだ。

もっとも、近年は、国産回帰の動きも出ている。日本の風土で育つ茶樹からつくられる紅茶は、日本人好みの優しい味わいになるといわれ、国産紅茶の栽培を始める農家が増えはじめ、現在、全国600カ所以上の茶畑で、紅茶がつくられている。

玉露
どうして九州産が日本一になったのか

茶どころというと、静岡県を浮かべる人が多いだろう。事実、日本茶の収穫量日本一は静岡県だ。

ところが、日本茶の中でも高級茶として知られる「玉露」に限ると、話は別。玉露のなかでも、「伝統本玉露」と呼ばれる高品位の玉露は、福岡県が日本一の産地なのだ。

なかでも、八女《やめ》市、筑後市、八女郡広川町のお茶は、「八女茶」というブランド名で知られ、その生産量は伝統本玉露の45パーセントを占めている。全国茶品評会でも農林水産大臣賞をほぼ毎年受賞している。

では、なぜ福岡県の八女市周辺が全国一の玉露の生産地になったかというと、その気候が玉露のうまみを存分に引き出すのに適しているからだ。

もともと、八女市周辺は、昼夜の寒暖差が大きい内陸性気候で、年間降水量が1600〜2400ミリと、茶の栽培に適している。また、八女市周辺は、九州最大の平野である筑紫平野の南部にある。このあたりの土地は、筑後川と矢部川から運び込まれた土砂が交互に蓄積した沖積平野で、そこで栽培されるお茶は、コクや甘みが増すという特性を持つ。

加えて、このあたりは、朝霧や川霧が発生しやすい。霧が茶畑を覆うと、茶葉は日光に直射されにくくなり、その分、テアニンがカテキンに変わりにくくなるのだ。玉露は、収穫前にワラなどで覆い、茶葉に日光が当たらないようにして育てるが、八女地方の茶葉は、いわば〝天然の覆い〟によって日光から守られているのだ。

八女地方に茶を持ち込んだのは、明に留学した栄林周瑞禅師《えいりんしゅうずいぜんじ》。周瑞禅師は明から帰国後、留学先の蘇州・霊巌寺に風景や気候が似ていた今の八女市黒木町を気に入り、1423年に霊巌寺を建立する。その際、地元の庄屋に茶種を与え、栽培法や喫茶法を伝えたという。周瑞禅師は、この地が茶栽培に適していることに気づいたうえで、この地を選んだとも考えられる。

column 食べ物をめぐる大疑問②

ナイトゲームがあるプロ野球選手は「夕食」をいつ食べている？

プロ野球の試合は、ナイターで行われることが多い。すると、気になるのは、選手たちの夕食だ。

じつは、プロ野球の球場には、ベンチ裏に食堂がある。選手たちはその食堂を利用し、試合前や試合後、ときには試合中に食事をしているのだ。

食堂には、麺類や丼物といった主食のほか、惣菜や果物、お菓子などが用意されている。バイキング方式で、何をどれだけ食べてもいい。外国選手にも、おいしく食べてもらうよう、祖国の料理を用意する球場もある。

通常は、試合開始の1〜3時間前に食べ、試合開始後も、味方の攻撃時やグランド整備中などに、軽食を食べる選手がいる。試合中に食事をすると、体が重くなって走れなくなりそうな気もするが、そこは長丁場のプロ野球。途中でエネルギー補給したほうが、メリットは大きいようだ。

また、運動後、45分以内に食事をすると、疲労回復を早める効果があるといわれる。そのため、試合終了後に食事をしてから帰る選手もいる。体が資本のプロ野球選手にとっては、栄養管理も大事な仕事だ。自宅で栄養管理しにくい独身選手の場合、球場内の食堂は重要な栄養補給源という。

3

身近な食材をめぐる
ウソのような本当の話

キノコ

食用キノコも、生では食べられないのは？

キノコは洗うと風味が落ちるという理由から、洗わずに調理する人が増えているようだ。最近のキノコは、空調管理された室内で栽培されている。外部から悪い菌が入ってこないため、洗わなくても問題はないというのである。

たしかに、栽培キノコは、土の汚れも付着していないので、洗わずに食べても大きな問題は起きないだろう。ただし、いくらキノコが清潔な環境で栽培されているからといって、生で食べてはいけない。食用キノコは毒がないと思ったら間違いで、生で食べれば食当たりを起こすおそれがある。

キノコは、朽ち木や落ち葉のなかでは、「菌糸」という状態で存在し、むしろそれがキノコ本来の姿といえる。菌糸は強力な消化酵素を出して、朽ち木や落ち葉やほかの生物を溶かして栄養にして成長し、やがて子孫を残すときに地上に生えてくるのが「子実体」、われわれがよく知っているあのキノコだ。

地上のキノコは胞子をつくり、さまざまな方法で胞子をまき散らして子孫を残している。

雨に流されたり、動物の体についたりして、新しい場所へ移動した胞子は、たどり着いた場所の環境がよければ発芽して、ふたたび朽ち木や落ち葉に菌糸を張りめぐらせ、酵素を出して栄養を吸収する。

そのさい、菌糸が放出する酵素が、人間にとっては毒になるのだ。ただし、酵素はタンパク質なので、加熱すれば無害になる。食用キノコでも、加熱調理が基本になるのは、それが毒抜きになるからだ。

マッシュルームの場合、スライスして、生のままサラダに入れて食べたりするが、トッピング程度の量を食べる分には症状が出ないというだけの話だ。

ミニトマト

楕円形の「アイコ」がヒットした裏側

弁当やサラダに重宝する一口サイズのミニトマト。プチトマトとも呼ばれるが、ミニトマトやプチトマトという呼び名は、果実の大きさが5～30gのトマトの総称であり、品種名ではない。

ミニトマトが本格的に市場に流通するようになったのは、1980年代も後半になってからのこと。歴史は浅いが、今ではすっかり定着して、黄色、オレンジ、緑色などカラフルな品種や、フルーツなみの糖度をもつ品種が続々登場している。

2004年発売の「アイコ」も、それまでの品種よりも糖度が高いタイプ。加えて、うま味成分のグルタミン酸や、抗酸化物質の「リコピン」をたっぷり含む品種であり、登場すると、たちまち人気を呼んだ。

人気の秘密は、甘さやうま味に加えて、アイコは〝機能性〟にもすぐれていたからだ。ミニトマトには皮がかたい品種が多く、フォークで刺すと、プチっと弾けて果肉の中身が飛び散ることがよくあった。

その点、アイコは皮がやわらかく、小さなラグビーボールのような楕円形をしている。この独特の形に加え、果肉のゼリー成分が少ないことから、中身が飛び散りにくい。

この〝機能〟に飛びついたのが、小さな子供をもつ母親だった。ゼリーの飛び散りが減れば、子どもの服が汚れなくなる。洗濯の手間が省けると、多忙なママ世代に歓迎されたのだ。一つ難点なのは、ほかのミニトマトにくらべて、やや値段がはることだ。

肝心の味は、アイコはもともと酸味が少ないうえ、加熱すると、甘味がいっそう増して、濃厚な味わいになる。ちょっと贅沢だが、アイコをたっぷり使ってトマトソースに仕立て、パスタや肉料理のソースなどに使うと美味。

スダチ
なぜ昭和56年から大増産されたのか

千葉といえば落花生、鳥取県なら二十世紀ナシが有名。では、徳島県といえば？「阿波踊り」以外にこれといった名物が思い浮かばないという人もいるかもしれないが、徳島県はスダチの生産量が全国一位。全国シェア100パーセント近くを徳島県が占めている。

徳島の人々にとって、スダチは日々の食卓に欠かせない存在である。焼き魚、鍋物はもちろん、みそ汁、刺身にもスダチをひと搾りして食べる。県のマスコットキャラクター名も「すだちくん」だ。

スダチの露地栽培が行われているのは、おもに標高の高い中山間地である。それは夏涼しく、昼夜の気温差が大きい環境で育てたほうが、スダチの酸味や香りが増すため。県内でも栽培が盛んな神山町の鬼籠野は、標高200メートルの盆地で、この栽培条件にぴったり当てはまる。

とはいえ、スダチが徳島きっての特産品になる以前、この地域では、ミカンの生産が盛んだった。それが、1981年（昭和56）を境に、作付けがミカンからスダチへ一変した。

いったい、何があったのかというと、この年、徳島県は大寒波に見舞われ、県内各地で生産されていたミカンの樹木が大量に枯れてしまったのである。

そこで、ミカンの転換作物に選ばれたのが、スダチだった。すでに、昭和50年代から商業生産されていたことに加え、スダチは柑橘類のなかでも耐寒性に優れている。こうして、多くの農家がスダチを栽培するようになり、生産量が急増したというわけだ。

スダチの旬は8〜9月だが、路地ものが出回る時期以外でも、ハウス栽培や低温貯蔵されたスダチが出荷されるため、一年中手に入るようになっている。

スダチは皮がやわらかいので、果汁をしぼった後も捨ててしまわずに、皮をスライスしたり刻んだりして使おう。料理の味をひきたてるいいアクセントになる。

夏みかん
日本ではじめてマーマレードジャムを作った有名人の話

酸味が強く、お菓子などの加工品としても利用されている「夏みかん」。もとは山口県の名産品で、今も萩地方を中心に県内で広く栽培されている。その原木とされる夏みかんの木「大日比《おおひび》ナツミカン原樹」は、長門市先崎大日比（青海島）にあって、いまも実をつけている。

当地では、夏みかんの発祥について、次のような話が伝わっている。江戸中期、黒潮にのって南方から文旦系の果実が漂着しているのを、地元に住んでいた西本於長という少女が見つけた。その種をまいて育てたのがこの原木で、家屋の改修のためにいったん刈り取られたが、ふたたび芽を出して成長したという。

さて、夏みかんといえば、マーマレードにも使われるが、日本ではじめてマーマレードジャムを作ったのは、あの福沢諭吉だったということをご存じだろうか。

1893年、萩出身の医師、松岡勇記が緒方洪庵の適塾で同窓だった諭吉に夏みかんを送った。諭吉は、その夏みかんでマーマレードを作り、「おいしく食べ、皮を利用してマルマレット（マーマレードジャム）を作った」という内容の礼状をしたためている。それが、日本のマーマレードの第一号とみられている。

二十世紀ナシ
千葉県生まれで、鳥取県の特産品になるまで

「水菓子」というと、今は葛切りやゼリーのような菓子を指すことも多いが、本来は果物のこと。果物は、お菓子のように甘く、水分がたっぷり含まれているからだ。その意味からしても、水分が80％以上を占めるナシは、水菓子という呼び名にふさわしい果物といえる。

現在、流通しているナシは、日本ナシ、西洋ナシ、中国ナシの3タイプに大別できる。そのうち日本ナシには、長十郎、幸水などさまざまな種類があるが、なかでも高い知名度を誇るのが、鳥取県の特産品の「二十世紀」だ。

しかし、二十世紀が、鳥取ではなく、千葉県生まれのナシであることは、あまり知られていない。

明治12年のこと。現在の松戸市の梨園経営者の息子、松戸覚之助《かくのすけ》が13歳のとき、親戚の家のゴミ置き場に自生している梨を見つけたのがはじまりだ。そこで、覚之介は、このナシの木を実家に持ち帰り、栽培。10年あまりかけて改良したのが二十世紀なのである。

千葉県は、ナシの生産量では全国一を誇るナシ王国。それなのに、なぜ千葉で生まれた二十世紀が、鳥取県の特産品になったのだろうか?

理由のひとつに考えられるのは、鳥取県のほうが栽培に適していたこと。千葉県は、二十世紀を栽培するには、梅雨時の降雨量が多すぎるのだ。一方、鳥取県は同時期の降雨量が比較的少なく、二十世紀の生育に適していたのだ。

柿

買ってきた柿がすぐにやわらかくなる理由

柿は、食べ頃の好みが「かたい派」「やわらかい派」にはっきり分かれる果物。ぐずぐずに熟した実をスプーンですくって食べるのが好きという人もいれば、少しでもやわらかくなった柿は食べたくないという人もいて、細かい好みをあげればキリがない。

とくに「かたい派」にとっては、柿をどうやってかたいまま維持するかは、気になるところ。買ってきた柿は、常温で1、2日、冷蔵庫に入れても3日もすれば、やわらかくなりはじめてしまう。

じつは、柿がすぐにやわらかくなる原因は、渋抜きにある。柿には、もともと実の甘い「甘柿」と、そのままでは食べられない「渋柿」がある。前述したように、現在、日本に1000種以上もある柿のうち、完全な甘柿は17種類だけ。それ以外は、渋柿であるため、店頭に並ぶ柿の大半は、渋抜き後の柿というわけだ。

渋の正体は、お茶などにも含まれるタンニンという物質だが、渋抜きで柿を酸欠状態にすることによって消すことができる。柿は酸欠状態になると、アセトアルデヒドという物質を発生させる。それが、渋柿に含まれるタンニンと結びついて、渋味が消えるのである。

だが、渋抜きは、柿にとっては大きな負担。ストレスを感じた柿は、エチレンという物質を発生させてしまう。エチレンは、柿の呼吸を盛んにして実の成熟をすすめ、水分を蒸発させる働きがある。

この水分蒸発が、柿にとってさらなるストレスとなり、ますますエチレンを発生させてしまうのだ。買ってきたばかりの柿は、まだかたく元気そうに見えるが、じつは渋抜きと水分蒸発のストレスで、ぐったりしているのである。

シャキっとした食感を長持ちさせるには、柿のストレスをやわらげてやり、エチレンの発生をおさえることが必要だが、それには次の方法が有効だ。

柿を買ってきたら、水を含ませたコットンやティッシュペーパーで、ヘタだけを湿らせておく。柿はヘタで呼吸しているため、水分を与えると呼吸が減り、エチレンの発生を抑えることができるのだ。ヘタを湿らせた柿は新聞紙などに包み、冷蔵庫のチルド室で保存するといい。そうすると、単に冷蔵庫に入れておくよりも、より長くシャキシャキ感をキープできる。

ふじ
「りんごの王様」を生むまでの四半世紀の道のり

国内生産量1位の「ふじ」。味はもちろん、貯蔵性の優秀さから「りんごの王様」と呼ばれ、全国に普及している人気品種だ。

後にふじを生むことになる、新品種の育種試験がはじまったのは、1939年（昭和14）のことだった。りんごの育種は、長い時間と労力がいる作業だ。新品種が生まれるまでに20年以上かかることもあり、ふじも新品種として登録にいたるまでに、23年の月日を要した。

りんごの品種改良は、おしべからとった花粉を、別の品種のめしべに付着させる「交雑育種」という方法で行われる。まず、交配して生まれた果実の種から小さな木を育て、実った果実の形や色、病害虫に強いかどうかなどを見て、栽培しやすそうなものが選抜される。さらに、その中から優秀なものを試験栽培し、新品種として認められれば、名前がつけられ、登録される。

ふじの育種試験では、スタートから3年間で、いろいろな品種を交雑させて約1万3000本の苗が生まれたが、この苗が育ってはじめて花を咲かせたのは、1947年のこと。交雑育種によるりんごの品種改良がいかに長年を要するのかがわかるだろう。しかも、開花した48個の花から結実したのは、わずか10個だった。

それでも、1952年には結実個体が1500を超えるようになり、本格的な選抜が行われるようになる。果肉の色、かたさ、肉質などを実際に試食して味や貯蔵性を調べるのだ。その中から歯ざわりがよく、果汁も豊富で甘く、適度な酸味とさわやかな香りのする個体が見つかり、1958年に「東北7号」という系統名がつけられた。これが、後のふじである。

りんご農林1号として品種登録され、「ふじ」と命名されたのは1962年のこと。その名は、交配や育成が行われた藤崎町から頭文字の「藤」と、「富士山」から名づけられた。日本一の山のように、この新しいりんごも日本一になり、やがて世界に通用する品種に育ってほしいという期待が込められたネーミングだった。

デコポン
いびつな「不合格品」が大ヒット商品に

頭に凸がついた特徴的な外見でおなじみの「デコポン」。甘味も香りも申し分ないうえ、手でも簡単に皮をむけ、種が少ないのが人気の秘密だが、そのユニークな名前も、販売促進に一役買っている。ただ、デコポンというのは登録商標名で、柑橘類としての品種名は「不知火《しらぬい》」という。

デコポンは1972年、長崎県の果樹試験場（当時）で誕生した。清美《きよみ》とポンカンを親に持つことから、当初は「キヨポン」と呼ばれていたが、形がいびつだったため、品種登録されることもなく見放されていた。

ところが、「不合格品」だったはずのキヨポンが、後に熊本県不知火町でよみがえり、人気品種の仲間入りを果たすことになったのだ。

ちょうどその頃、オレンジの輸入が自由化され、特産の甘夏やはっさくなどの価格が暴落。熊本県内の柑橘農家は、苦境に陥っていた。そこで、従来品にかわる新品種の柑橘を探すべく、不知火農協が試験園を設置。全国から、170種の果樹が集められた。

キヨポンも、その中に含まれていたわけだが、酸味が強かったことから、当初は見向きもされなかった。そのキヨポンが俄然、注目を集めたのは、偶然の出来事がきっかけだった。

1985年（昭和60）、試験園の園長が、放置してあったキヨポンを食べてみると、酸味が抜けて甘くなり、おいしくなっていたのだ。それがきっかけとなって、キヨポンには熟成が必要であることがわかると、農協は栽培を促進、改良も進められた。東京市場に〝デビュー〟したのは、それから6年後の1991年（平成3）のことだった。

なお、デコポンという名は、熊本県果実農業協同組合連合会（熊本果実連）が商標登録したもので、糖度13度以上、クエン酸1・0パーセント以下という基準をクリアしたものだけが「デコポン」と名乗れる。基準を満たさないものは、品種名の不知火として流通している。頭に凸がついていても、デコポンではないこともあるというわけだ。

深谷ネギ

その知られざるルーツとは？

埼玉県の名産品の一つに、トロリと甘い「深谷ネギ」がある。糖度は10～15度といわれ、なかでも、冬場に収穫されたものは、甘味がましてひじょうに美味。すき焼きに入れると、砂糖やみりんを加えなくても、充分なほどの甘さがある。

その深谷ネギの生産地、埼玉県深谷市は、市区町村別のネギ生産量が全国一の自治体。市内の農地の30パーセント以上をネギ畑が占め、毎年1月には「深谷ネギ祭り」が開催されるという、ネギ一色の町である。

深谷ネギ祭りでは、神社にネギが奉納され、宮司が祓い清めたネギは「福ネギ」として来場者に配られる。

その深谷でネギ栽培がはじまったのは、明治初期のこと。千葉県からネギを購入し、栽培をはじめたのが、そのきっかけである。つまり、深谷ネギは、もともとは「千葉のネギ」だったのだ。

その後も、深谷市では、染色に使う藍の栽培や養蚕業が盛んで、ネギを育てる農家はなかなか増えなかった。

そんな深谷の町に変化が起きたのは、明治時代も後半になってからのこと。合成染料の普及にともない、藍の価格が暴落したのである。そこで、藍の栽培にかわる産業として、ネギ栽培に注目が集まったのだ。

ただし、その後も、順調に生産量が増えたわけではなかった。大正時代には、ネギ相場が大暴落し、農家は大打撃を受けた。その危機を救ったのが、ネギ栽培の中心地・八基村《やつもとむら》の農業指導者、渋沢治太郎だった。

北海道や東北地方にネギの販路を開拓したのである。そのさい、「深谷ねぎ」の商標をつけて深谷駅から発送したことから、深谷ネギの名前が広く知られるようになった。

なお、「深谷ねぎ」というのは、品種名ではなく、ブランド名。深谷市では、甘くておいしい深谷ネギのなかでも、とくに太さや形が美しいものに「少し贅沢深谷ねぎ」というマークをつけて、出荷している。高級スーパーで販売されているほか、贈答品としても人気が高い。

無臭ニンニク

どうやって臭いをおさえこんだのか

ニンニクの難点は、食べたあと、口が臭うこと。そのため、人と会う前は、ニンニク料理を控えるのが大人の常識だ。ただし、近年では、「匂いを気にせず、ニンニク料理を食べたい！」というニンニクファンのニーズに応えて、臭いを抑えたニンニクが販売されている。

それを開発したのは、ニンニク産地の青森県天間林村（現在の七戸町）にあるＪＡ天間林。１９９2年、「食後の臭いが気にならない」というキャッチフレーズで登場した「マイルドニンニク」である。

ニンニクのにおいのもとは、「アリイン」という成分である。アリイン自体にニオイはないが、ニンニクを切ったりすりおろしたりして細胞が壊れると、アリインと体内の酵素が反応を起こして「アリシン」という物質が生成される。これが、悪臭を放つのである。

食べた直後はイヤな臭いはしないのに、食後3～6時間後に独特の臭気を発するのは、体内の酵素がアリインに働きかけて、アリシンを生み出すからである。

では、臭いの少ないマイルドニンニクは、このアリシンをどうやっておさえ込んでいるのだろうか。

じつは、マイルドニンニクも、普通のニンニクも同じもの。ただ、出荷する前に特殊な真空処理を施すと、臭いの発生がぐっと抑えられる。この処理を施したのが、マイルドニンニクだ。

ニンニクを10分程度、真空状態にするとアリインが減少し、いったんこの処理を施すと、その後で切ったりすりおろしたりしても、アリインの生成量が少なくなるため、悪臭も〝マイルド〟になるというわけだ。

その分、ニンニクの香りや辛味も消えてしまっているのでは？　と思うかもしれないが、そんなことはない。

ニンニクの香りや適度な辛味もあるだけでなく、栄養価もそのまま残っているという。

ナス
特色のある〝ご当地ナス〟が多いのはなぜ？

ぬか漬けや煮物、炒め物など、日本の食卓にすっかりなじんでいるナスだが、意外にもそのふるさとはインド。日本へは8世紀頃、中国から渡ってきた野菜だ。

実の90パーセント以上が水分で、ビタミンやミネラル類などの栄養はあまりないが、紫色の皮にはアントシアニンというポリフェノールが豊富に含まれている。アントシアニンは活性酸素の働きを抑制して、血管をキレイにして動脈硬化や高血圧などを予防する働きがあるとされる。

もっとも、ナスのなかには、皮が白い「白なす」のように、紫色の色素であるアントシアニンを含まないものもあれば、生産地によって、色や形、サイズがずいぶん異なる。

たとえば、長さが30センチほどもある「長なす」もあれば、皮が柔らかく漬物に最適の「小なす」もある。

京都上賀茂地域で栽培されている「加茂なす」や大阪の「水なす」は、絞ると水がしたたり落ちるほど、水分豊富ななすとして知られる。というように、地方色豊かなナスだが、これほど品種が多いのは、なすが日持ちのしない野菜だったからというのが、その理由だ。

夏に収穫期を迎えるなすは、冷蔵技術がなかった時代では、保存がききにくかったうえ、時間が経つと、味が急激に落ちてしまう。遠い消費地には輸送できなかったため、地方ごとに特色のある固有種が生まれたのである。

昔にくらべて、冷蔵・輸送技術が発達している現代ではあるが、今でも、〝ご当地なす〟には、デパートの野菜売り場や専門店、地方の特産品を扱うアンテナショップなどに出向かなければ、入手できない品種が多い。

一方、市場に流通しているナスの多くは、たいてい長い卵形をしていて、大きさもだいたい同じだ。ナスの品種改良が盛んになったのは昭和20年代からのことで、その頃から、長めで卵形をした品種が増えていった。

形と大きさがそろっていたほうが、箱詰めするのにも便利で、流通コストを安くあげられる。そうした理由から、ナスの大きさや形はじょじょに統一され、一般に流通してナスはどれも似たような姿形になったというわけ。

カボチャ

品種がどんどん増えるのはどうして？

古くから、「冬至にカボチャを食べると、風邪をひかない」といわれるが、本来、カボチャは、夏から秋にかけて収穫される野菜。それをなぜ、冬至に食べるのかというと、カボチャがそれだけ保存性にすぐれた野菜だからだ。

収穫したカボチャを風通しのよい場所に丸のまま置いておくと、水分が抜けて甘味が増し、栄養価も高まる。昔の人々は、貯蔵しておいたカボチャを冬に食べることで、栄養不足を補っていたのである。

それにしても、カボチャは品種が多い野菜だ。皮がクリーム色で、ひょうたんを長くしたような形の「バターナッツ」、〝おもちゃカボチャ〟とも呼ばれる観賞用品種の「ペポ」、キュウリのように長い「宿儺《すくな》」、切って茹でるとパラパラと繊維がほどけ、まるで麺のようになる「そうめんカボチャ」など、同じ野菜の仲間とは思えないほど、色や形が大きく異なる。キュウリに似たズッキーニでさえ、カボチャの仲間である。

カボチャの品種が多いのは、原産地の異なるカボチャが入り交じって入ってきたためで、その分、組み合わせのバリエーションが増えたのである。

現在、日本でおもに栽培されているカボチャには、日本カボチャ、西洋カボチャ、ペポカボチャの3系統があり、日本カボチャは、16世紀に渡ってきたもの。中央アメリカ原産のカボチャがそのルーツだ。一方、西洋カボチャは、南アメリカ原産で、日本では、明治時代に栽培がはじまった。西洋カボチャからはたくさんの品種が生まれ、店頭で見かけるカボチャの9割近くを西洋カボチャが占めている。

キャベツ
日本人は欧米人の2倍以上もキャベツを食べる!?

キャベツは有史以前から存在し、古代ギリシャ・ローマ時代から食べられてきた最古級の野菜。ただし、野生種はまるく結球しない「葉キャベツ」だった。その葉キャベツが各地に伝わり、長い時間をかけて改良されるなか、現在のような結球型の丸いキャベツに姿を変えたのである。

そのキャベツの栄養面で注目すべきは、胃の粘膜を守ってくれるビタミンU。キャベツから発見されたことから別名、「キャベジン」とも呼ばれる成分だ。

昔の人も、キャベツが胃によいことを経験的に知っていたのだろう。たとえば、トンカツに添えられる千切りキャベツは、胃もたれを防ぎ、消化促進にもぴったりの付け合わせだ。

日本で初めてトンカツと千切りキャベツの組み合わせをを考案したのは、銀座の洋食店「煉瓦《れんが》亭」である。

明治時代から続く老舗洋食店だが、オープン当初はバターや油をたっぷり使った西洋料理が客にウケず、苦戦していたという。

そこで、カツレツに使う肉を牛肉から豚肉に、付け合わせのフライドポテトや茹でニンジンなどの温野菜を、千切りキャベツに変えて出したところ、これがヒットした。

キャベツを生で提供するようになったのは、日露戦争で調理人を戦争にとられ、温野菜をつくる手間をかけられなくなって、キャベツを生で出さざるをえなくなったからという説も伝わっている。

いずれにせよ、当時、日本には野菜を生食する習慣はなく、漬物や茹で野菜が中心だったので、トンカツの添え物に出された千切りキャベツは新鮮な食べ方だった。しかも、それが、トンカツやソースと相性抜群だったことから、千切りキャベツは日本の食卓に定着することになったのである。

そして現在の日本は、世界有数のキャベツ消費国である。1人当たりのキャベツの年間消費量は13キロにものぼり、日本人はアメリカの2倍、フランスの2・7倍もキャベツを食べている。

その理由は、日本のキャベツがとりわけおいしいからといえる。日本人は、明治以降、キャベツの品種改良に熱心に取り組み、生でも食べられるやわらかいキャベツをつくりだしてきたのだ。

さらに現在では、各地域で季節をずらして生産・出荷されるようになり、一年中、流通している。日本人が大量にキャベツを食べるのは、おいしくやわらかいキャベツがいつでも手に入るからといえるだろう。

コメ

ジャポニカ米とインディカ米の炊き方の違いとは?

1993年、日本列島が記録的な冷夏になったとき、米が大不作となり、緊急避難的にタイ米が輸入された。そのとき、タイ米を食べて、「タイ米はまずい」という印象を持った人は少なくないだろう。ところが、それはタイ米が悪いというよりも、「日本人がタイ米の炊き方を知らなかった」と考えたほうがいい。

日本でいうタイ米は、国際的にはインディカ米と呼ばれる。日本の米、つまりジャポニカ米よりも細長く、粘り気が少なく、パサパサしているのが特徴だ。インディカ米は、タイやインド、中国中南部のほか、アメリカ合衆国やラテンアメリカなどの気温の高い地域でつくられている。

そのインディカ米を食べる地域の人たちは、日本とは違うコメの炊き方をしている。日本では、研いだコメを水の中に入れて煮て、水分がほとんど蒸発するまで加熱する。最後は蒸気で米を蒸すことになり、それによってコメはふっくらと仕上がる。

コメの栄養やうまみを余すところなく、ご飯の中に閉じ込めることもできる。「炊き干し法」と呼ばれる炊き方だ。

一方、インディカ米で、もっぱら使われているのは「湯取り法」と呼ばれる炊き方。大量の水で米を煮て、米が軟らかくなったらお湯を捨てる。その後、フタをしてしばらく蒸らせば、できあがりだ。インディカ米の特徴の一つは、香りの強さだ。それが「臭い」といわれる理由にもなっているので、お湯を捨てることで、香りを弱めるのだ。

また、インディカ米を食べる人たちは、日本人のように、ご飯をそのまま食べることは少ない。他の具材や調味料と一緒に炒めたり、カレーなど汁気の多いものをかけて食べることが多い。そうすることによって、特有の香りやパサパサ感を気にせずに食べることができるのだ。

コンニャク
群馬の名産になった〝地理的〟な背景とは？

コンニャクといえば、群馬県。コンニャクの原料となるコンニャクイモの収穫高で、群馬県は断然トップである。日本における収穫の約9割を群馬県が占め、2位にはお隣の栃木県がくる。

なかでも、コンニャクの産地として名高いのは、県南西部にある下仁田町《しもにた》、南牧村《なんもく》である。その理由は、下仁田をはじめとする群馬県が、コンニャクイモの栽培にぴったりだったからだ。

コンニャクイモは南方産で、低温に弱く、病気になりやすい。また、水はけが悪い土地でも病気になりやすい。さらに、南方産のくせに、直射日光を苦手とする。さほど日差しが強くないところが好適地なのだ。

群馬県は、そんなコンニャクイモの特質に合った土地なのだ。群馬県には山が多いので、直射日光を浴びない土地はいくらでもある。それでいて、極端な低温になることはない。しかも、山間部の傾斜地は水はけがよく、コンニャクイモの栽培に適しているのだ。

さらに、コンニャクイモを加工するにも、群馬県の気候は適していた。カギとなるのは、上州名物のカラっ風である。

コンニャクイモを加工するには、天日加工が必要となる。天日加工には乾燥した気候が欠かせない。上州のカラっ風は、それを満たしているのだ。

カラっ風は、非常に乾燥した風である。晩秋から冬にかけて、日本海側から日本列島に吹きつける強い風は、海水の蒸発を含んだ湿った風だ。ところが、群馬県に吹きこむ前に、風は群馬・新潟の県境にある三国山脈や越後山脈にぶつかり、大雪を降らせる。そして、水分を失った風が上州に吹きこむのだ。そうしたカラっ風は、コンニャクイモの天日干しにぴったりなのだ。

キウイ　ニュージーランド原産ではないって本当？

「キウイ」とは、本来はニュージーランドの国鳥の名前。キウイフルーツは、その形が鳥のキウイに似ていることから、そうネーミングされた果物である。

ニュージーランド原産のイメージが強いキウイフルーツだが、原産地は中国の揚子江流域。別名を「チャイニーズ・グーズベリー」という。ただし、中国では漢方薬として用いられるだけで、食用として栽培されることはなかった。

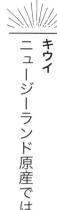

それが、ニュージーランドで栽培されるようになったのは、一人の旅行者が中国を訪れたことがきっかけとなった。1904年、中国を訪れた女性が、キウイの種をニュージーランドに持ち帰った。そのタネから栽培がはじまり、品種改良が重ねられ、現在のキウイの原種が生まれた。日本に初めて輸入されたキウイフルーツも、ニュージーランド産である。

そのイメージから、日本国内で食べられているキウイフルーツも、ニュージーランド産と思われがちだが、キウイフルーツは比較的育てやすいため、現在では、国内各地で盛んに栽培されている。国内収穫量では、愛知県、福岡県、和歌山県がトップ3だ。

栄養面では、ビタミンCをはじめ、食物繊維、カリウムなどのミネラルが豊富。美肌、疲労回復、整腸にも効果がある。

ちなみに、テレビCMでよく目にする「ゼスプリ・ゴールドキウイ」は、ニュージーランドのゼスプリ社が育成した黄色系の品種。酸味が少なく食べやすいことから、日本国内でも愛媛県や佐賀県で栽培されている。

column 食べ物をめぐる大疑問③

南極観測隊はいつのまに南極で野菜を栽培できるようになった？

南極観測隊には「夏隊」と「越冬隊」があり、越冬隊ともなると1年以上を南極で過ごすことになる。

観測隊員が食べる食料は、1年に1度やって来る南極観測船で、新しい隊員と一緒に運ばれてくる。とはいえ1年という長丁場だけに、後半ともなると、野菜や果物といった生鮮食料品が不足してくる。

それを解消するため、以前から行われていたのが、モヤシやカイワレダイコンなどの水耕栽培だ。

ただ、生鮮野菜がモヤシとカイワレダイコンだけというのは、あまりに寂しい。そこで、２０１０年、本格的な水耕栽培ができる野菜栽培室がつくられた。

野菜栽培室では、24時間照明が灯り、水耕培養液を循環させるポンプがつねに稼動している。その室温は、発電機エンジンの排熱を利用して、約30度に保たれている。

そのおかげで、南極でも、レタス、水菜、空心菜、サンチュ、ベビーリーフ、ゴーヤ、バジルといった野菜が栽培できるようになっている。２０１５年には、イチゴの収穫にも成功している。

南極には、土の持ち込みが禁じられているので、それらの野菜は、苗ではなく、種の状態で持ち込まれている。

《特集》

外から見えない！　外食店の裏話

⊙原価率——お客が知らない原価率が高いメニューの法則とは？

外食店で食事をしたとき、「この料理の原価率はどれぐらいだろう？」と気になる人もいることだろう。

原価率は、値段に対する食材費の比率のこと。たとえば、値段が１００円で、原価が35円なら、原価率は35パーセントとなる。

一般に外食産業の原価率は、平均30パーセントといわれるが、以下、昨今の外食産業における原価率の高いメニュー、低いメニューを紹介してみよう。

まず、ラーメン店の場合、原価率の高いのはチャーシューメン。むろん、チャーシューに材料費がかかるからで、あるチェーン系ラーメン店の場合、原価率が35・8パーセントになる。逆に、原価率が低いのは具の少ないシンプルなラーメンで、原価率は28～29パーセントといったところ。

そのため、チャーシューメンの価格が100〜200円ほど高くても、原価率を計算にいれると、チャーシューメンを頼んだほうが〝トク〟というケースもある。

天ぷら店の場合、原価率が高いのは、エビを使ったメニュー。天ぷらの具材のうち、エビの値段は格段に高いからだ。逆に、原価率が低いのは、野菜を使った天ぷら。高カロリーになりがちな天ぷら店では、健康面を考えて、野菜の天ぷらを頼む人もいるが、原価率を考えれば、エビの天ぷらを食べたほうがおトクなのだ。

回転寿司店の場合は、総じて原価率が高いのはマグロ。ある回転寿司チェーンの場合、マグロの握りの原価率は65パーセントにもなる。つづいて高いのはウニの握りで、57パーセントだ。

一方、原価率の低いものは、骨せんべいの10パーセント、フライドポテトの15パーセントあたり。昨今の回転寿司店では、お客に寿司以外のメニューも食べてもらうことによって、原価率を調整する食ビジネスといえるのだ。

寿司の中でも、魚を使わない、いなり寿司やかっぱ巻き、納豆巻きなども、原価率の低いメニューだ。

◉寿司屋──意外にも〝海ナシ県〟の方が多い理由

寿司屋の売り物といえば、新鮮な海の幸を使ったネタ。当然、寿司屋の多い都道府県といえば当然、海に面した都道府県を想像するだろう。

ところが、調査によると、人口10万人当たりの寿司屋の数が全国で最も多いのは山梨県で、その数は38・1軒。つまり、寿司屋が最も多いのは、海なし県なのだ。

山梨県では、スーパーに行っても、魚介類の種類が他県に比べて豊富で、寿司コーナーも充実している。寿司ネタの代表格であるマグロの世帯あたり年間消費量も、総務省の２０１６年の調べでは、山梨県は1位の静岡県に次ぐ全国2位だ。

じつは、山梨県民の寿司好きは、昨日今日の話ではない。山梨では、江戸時代から、祝い事など特別な日には、寿司を食べるという文化が根付いてきたのだ。

逆説的になるが、海なし県に寿司文化が根付いた理由は「海がないから」だといわれる。海に面していないからこそ、海産物を食べることに憧れを感じる。それが祝い事などで寿司を食べる文化につながったというわけだ。実際、先の総務省の調査でも、マグロの年間消費量が多いのは、3位が群馬県、4位が栃木県と、海なし県がつづく。

もう一つ、山梨県で寿司をよく食べるのは、意外に海産物を手に入れやすかったから、という説もある。富士川を使えば、山梨県には、案外容易に静岡県の沼津港などから海産物を運びこむことが昔からできたのだ。

⊙ピザ店――デリバリーの「ピザ箱」に、そんな工夫があったのか

宅配ピザは、平べったい箱に入れて届けられるが、あの平べったいピザ箱は、ただの箱ではない。ピザのおいしさを保つための特製の箱なのだ。

宅配ピザの弱点は、湿気によって劣化しやすいことである。出来立てのピザには、独特のパリパリ感、クリスピー感がある。ところが、それを普通の段ボー

ル箱に入れて宅配すると、届けている間にクリスピー感が失われやすい。熱々のピザは、熱々ゆえに水蒸気を発するからだ。

熱々のピザが出す水蒸気が箱の中に閉じ込められ、冷えると、水分になる。すると、箱内のピザは水分を吸いとって、クリスピー感を失い、ついには湿ってしまう。そんなふにゃふにゃのピザにお金を払いたいという人は、いないだろう。そこで、宅配ピザ会社は特製の箱を用意し、ピザ箱の中に水蒸気がこもらないように工夫しているのだ。

その工夫とは、段ボール紙内に吸水ポリマーを組み込んでいることだ。吸水ポリマーは水分を持続的、かつ迅速に吸収する特性を持つ物質で、紙オムツなどに使われている。その吸水ポリマーが水蒸気をすばやく吸収しているので、ピザ箱内のピザは湿りにくいのだ。

詳しくいうと、ピザ箱の段ボール紙の内側には、まずは水分を通しやすい紙が貼られ、その裏に吸水ポリマーを敷かれている。さらに、吸水ポリマーの裏側に水分を通さないポリエチレンを組み込んでいる。そうした工夫があってはじめて、焼いてから30分経った宅配ピザでも、おいしく食べられるのだ。

4

なぜかその先を聞きたくなる「ローカル食」の秘密

中州の屋台

福岡の街に屋台が立ち並ぶのは？

福岡市の名物のひとつに、中州《なかす》の屋台がある。福岡市内では、中州以外でも多くの屋台が店を開いていて、焼き鳥やモツ鍋、おでん料理などで、一杯楽しむことができる。むろん、ラーメンも食べられるので、屋台だけで締めのラーメンまで、まかなうこともできる。

それほど屋台が立ち並ぶのは、いまの日本では珍しい光景だが、じつはひところまで、日本全国の都市で、多くの屋台が営業していた。

屋台の歴史をさかのぼると、江戸時代の元禄期から、そばや天ぷらなどの屋台が人通りの多い通りに立ち並ぶようになり、道行く町人らが買い食いを楽しむようになる。明治以降、屋台はいったんは数を減らすが、第2次世界大戦後、爆発的に数を増やす。空襲で、日本の多くの都市は瓦礫の山となった。そんな焦土にあって、屋台は手軽に食事のできる店として数を増やしたのだ。なにしろ、台車にコンロと食器さえあれば、その日からでも営業を開始できるのだ。

戦後、大増殖した屋台だったが、やがて国内が落ち着きを取り戻すにつれて、都市部では邪魔者扱いされるようになる。都市の美観を損なうという意見もあれば、衛生面からも問題視された。食品衛生法、消防法、道路法、道路交通法などの規制も、屋台にとって逆風となった。そうして、屋台は全国の都市から姿を消していったのだが、福岡市のみは事情が違った。屋台業者が団結し、1950年に福岡市移動飲食業組合を結成、国や市と交渉して屋台の存続を求めてきた。

国もこれに対応して、1955年に屋台の営業を法的に認め、福岡市の屋台は最盛期には400軒をこえた。

ただ、それで一件落着したわけでもなかった。屋台のあり方が問題視され、1994年、行政は屋台の営業を現営業者一代限りとする方針を打ち出し、新規参入は認められなくなった。

そうした規制によって、福岡の屋台は数を減らしてきたが、近年、福岡市の方針は再び変わりはじめている。屋台は福岡市にとって大きな観光資源であり、屋台の絶滅は観光資源の損失につながる。そこで、福岡市は2013年、屋台基本条例を制定、規制をゆるめている。一代限りの規制、新規参入の規制を緩和し、今度は屋台数の減少に歯止めをかけようとしているのだ。

ニシン
海のない会津で、ニシンが名物料理になった理由

「こづゆ」は、福島県・会津地方に伝わる郷土料理。薄味仕立ての汁物で、山海の食材を使うことから、会津地方のごちそうとして、祝い料理としても食べられきた。その「こづゆ」とともに、会津の人々に今も親しまれているのが、魚を干物にした棒ダラと身欠きニシンを使った家庭料理である。

まずは、棒ダラの調理法から。干物のままでは固くて食べられないので、食べやすい大きさに切ってから、米のとぎ汁に浸したのち、弱火でゆっくりと煮る。身がやわらかくなったところで、しょうゆ、砂糖を入れ、弱火でコトコト煮る。いったん火を止め、冷ましてから再び火にかけ、酒を加えて煮る。こうして、味がしみ込んだ棒ダラは、正月料理や祝い事、祭りなど祝い膳のメニューに欠かせない一品

だ。

もう一つ、身欠きニシンの山椒漬けも、会津の多くの家庭で作られてきた郷土料理。作り方は、まず身欠きニシンと山椒を漬け鉢に入れ、しょうゆ、酢、砂糖をあわせた調味液をかけて蓋をし、さらにその上から重石をのせる。こうして、二日ほど漬け込めば、酒の肴にも、ごはんのお供にもあう一品ができあがる。

ところで、福島県内でも、会津地方は太平洋からも日本海からも、遠い場所。四方を山に囲まれ、海産物は手に入りにくかったはずだ。それなのに、なぜ身欠きニシンや棒ダラを使った料理が発達したのだろうか？

その理由は、江戸時代、会津藩が幕府の命によって北海道・オホーツク海岸の警備にあたっていたことに起因する。

オホーツクの海岸には、春になるとニシンの大群が押し寄せる。そこで、藩士たちは会津に残した妻や子どもたちにも食べさせたいと考え、日持ちがするように塩をまぶし、干物にして会津へ運んだ。こうして、届けられた干物を調理し、棒ダラや身欠きニシンなどの郷土料理が生まれることになったというわけだ。

辛子明太子

「福岡の味」として全国に知られるようになった経緯

辛子明太子といえば、福岡の名物。とりわけ、「ふくや」の辛子明太子は人気が高い。ところが、辛子明太子は、初めから福岡の名物だったわけではない。辛子明太子を最初に名物としたのは、福岡に近い山口県下関市だった。辛子明太子は下関で生まれて、福岡でメジャーになったという歴史を持つのだ。

辛子明太子のルーツをたどると、朝鮮半島に行きあたる。辛子明太子は、スケトウダラの卵巣を唐辛子をはじめとする調味料に漬け込んだ加工品。朝鮮半島では昔からスケトウダラがよく食べられ、その卵を調味液に漬けた「明卵漬」も口にされていた。それが日本統治時代に、日本に持ち込まれたという。

ただし、異説もある。朝鮮半島では、スケトウダラの卵を食べるのは漁師くらいだったのだが、朝鮮半島に渡った日本人がその卵に目をつけ、卵を唐辛子や塩などの調味液に漬け、売り出すことを考え出したともいわれる。

いずれにせよ、日本が朝鮮半島を統治していた時代、朝鮮半島に渡った多くの日本人が辛子明太子のおいしさを知る。そのニーズにこたえるべく、朝鮮半島では、辛子明太子の製造・輸出が盛んになった。

当時、朝鮮半島と日本を結ぶ最大の窓口は下関だった。下関には関釜連絡船によって辛子明太子がもたらされ、やがて辛子明太子は下関でも盛んに作られるようになる。

ところが、第2次世界大戦がはじまると、下関での辛子明太子生産はストップする。戦後、新たに浮上したのが、福岡市である。「ふくや」の創業者夫婦は、かつて朝鮮半島で暮らし、明太子の味をよく知っていた。戦後、夫婦は福岡に移り、日本人の口に合った辛子明太子の開発をはじめる。

それが「漬け込み製法」によってつくられる現在の辛子明太子である。漬け込み製法では、醤油や昆布といった日本人好みの素材を調味液に入れ、漬け込む。ふくやの辛子明太子は、まずは福岡市で大当たりし、日本における辛子明太子の新たなスタンダードとなった。

以後、福岡の辛子明太子は、福岡の味として全国に知られるようになり、下関の戦前の辛子明太子の歴史を風化させるほどに成長したのだ。

讃岐うどん

〝うどん県〟に存在するそば優位エリアの謎

香川県民のソウルフード、讃岐うどん。最近では、自ら「うどん県」を名乗ってアピールしているせいもあり、全国各地の〝ご当地うどん〟のなかでもバツグンの知名度を誇る。

その讃岐うどんには、「手打ちに限る」とか「香川県内でつくられた麺に限る」といった明確な基準はない。「讃岐うどん」の名称は、どこで製造・販売されたものでも使える名称だ。

そのため、ご当地うどん人気に便乗した「エセ讃岐うどん店」が増えているのも事実。その味を堪能するには、やはり香川県まで足を延ばして本場の味を楽しむのが一番だ。香川県には、うどん店や製麺所が至るところにあり、〝うどん巡り〟の旅を満喫できる。

そんな環境だから、他県に住む人は、香川県民の誰もがうどんばかり食べていると思うだろうが、現実はちょっと違う。香川県内でも、高松、丸亀、坂出などの中讃・西讃地域にはうどん店が多いが、東へ行くにしたがってうどん文化は薄れ、日常的にうどんを食べる習慣は見られなくなる。

また、小豆島などの島しょ部で生産が盛んなのは、うどんではなく、そうめん。一方、香川県と徳島県の境にある阿讃山脈の近くの財田町、塩江町、旧白鳥町などの高地では、冷涼な気候からそばが栽培されてきた。当然のことながら、この土地の人々は伝統的にそばを食べてきたわけだ。

じつは、香川県でも、うどんを日常的に食べているのは、県民の半数程度に過ぎない。「うどん県」を名乗っていても、県民には、そば派やそうめん派も少なくないのである。

三輪そうめん
そうめん作りと水車の切っても切れない関係

そうめんは、うどんやそばに比べて、ゆで時間が短く、簡単に調理できる。夏になると、そうめんが頻繁に食卓にのぼるという家庭も少なくないだろう。

そのそうめんには、今も昔ながらの「手延べ製法」によって作られている高級そうめんもある。なかでも、全国的に知られているのが、奈良県・桜井市三輪の「三輪そうめん」だ。三輪の手延べそうめんは、今も工程のすべてに人間の手が加わる伝統的な製法で作られている。

奈良地方には、おいしいそうめんをつくるための条件がそろっている。良質の水に恵まれていること、グルテンの多い小麦粉がとれること、そして底冷えのする奈良盆地の気候である。そこから、細く、かつコシの強いそうめんが生まれるのである。

なかでも、三輪は「そうめん発祥の地」。奈良時代、遣唐使によって、小麦の種と栽培方法、さらに麺の製法が当地に伝えられたことから、そうめんが誕生したといわれている。

伝説によれば、当地に鎮座する大神神社の祭神・大物主神《おおものぬしのかみ》が、この地に小麦粉の種をまいたことから、小麦栽培がはじまり、やがてそうめんが生まれたという。

三輪には、巻向川《まきむくがわ》と初瀬川《はつせがわ》という川があり、二つの川の流れが急峻なことから、水車製粉が発達した。かつては、収穫した小麦を、水車の動力を利用して石で粉砕していた。その小麦を、塩、水とともにこね、油を塗って手で延ばして作っていた。

やがて、三輪そうめんは、江戸時代、当地が伊勢参りの宿場町として栄えたことをきっかけに、全国にその名を知られるようになった。三輪の地にあった二つの川と水車のおかげで、特産品になったともいえる。

深大寺そば

いま現在、深大寺のそばに、そば畑はないが…

深大寺は、東京都内では、台東区・浅草寺に次ぐ歴史を誇る寺。733年、満功上人が開山したと伝わる。京王線の調布駅、またはつつじヶ丘駅から、バスで15分ほどの場所にある古刹だ。一年を通して多くの観光客を集めるお寺だが、もっともにぎわうのは、一年の終わりを迎えるころ。名物「深大寺そば」を目当てに、年越しそばを食べるために訪れる人が多いのである。

現在、深代寺の周辺には住宅地が広がり、そばを作っている様子はないが、江戸時代まで、深大寺周辺は、そばの産地だった。

そもそも、深大寺周辺には、「黒ボク土《くろ ど》」という土壌が広がり、野菜などの栽培には適さない土地柄だった。黒ボク土に含まれるアルミニウムと粘土のアロフェンという鉱物が、植物の生育に必要な養分であるリン酸と結びつき、栽培に必要な成分が奪われてしまうためだった。なお、「黒ボク土」という奇妙な名は、黒い土の色とボクボクした感触に由来する名だ。

その黒ボク土でも、そばなら、栽培できる。そこで、深大寺近くの農家（深大寺村＝現在の調布市）では、そばの実を栽培し、深大寺に奉納していた。

そこで、寺の和尚は、農家から奉納された粉を使って、そばを打ち、参拝客にふるまったのである。それが美味だったことから口コミで広がり、「深大寺そば」という名前とともに、名物として定着したというわけだ。

ほうとう

「ほうとう」の語源は「信玄の宝刀」説はホントウ？

山梨県の郷土料理といえば、ほうとうが名高い。長い麺とカボチャや野菜を味噌仕立てで煮込んだ鍋料理だ。

それなら煮込みうどんじゃないかと思う人もいそうだが、煮込みうどんとは麺が違う。煮込みうどんの麺は、寝かせて熟成させたものだが、ほうとうの場合は、打ち立ての麺を使う。さらに、ほうとうの場合、麺をゆでることなく、そのまま鍋に入れる。煮込んでいるうちに、麺は煮崩れして、汁に溶けだす。それが、汁のとろみとなって、味わい深くなる。

ほうとうの歴史は古く、すでに戦国時代には、ほうとうに近い粉物料理が食べられていたとみられる。南アルプス市の中世の遺跡からは、石臼が出土していて、石臼で小麦を粉にして、麺をつくっていたと推定できるのだ。

戦国時代の山梨県といえば、武田家が統治し、武田信玄の存在によって最強の国となった。じつは、ほうとうの名は、信玄に由来するともいわれる。信玄は陣中食にほうとうを採り入れ、自らの刀で麺を切って調理した。「信玄の宝刀」で調理したから、「ほうとう」の名がついたというのだ。

ただ、これは後世の創作のようで、「餺飥《はくたく》」に由来するというのが、現在の有力説だ。「餺飥」は中国伝来の粉物であり、奈良時代の日本にはすでにあった。その後、日本ではうどんが餺飥の存在を消してしまうが、長く餺飥文化が残る地域もあった。山梨県では餺飥文化が残り、「はくたく」が「ほうとう」に変化して、いまに伝わったと考えられるのだ。

山梨県で、ほうとうという粉物文化が成立したのは、山梨県がコメの栽培に不適な土地だからでもある。四方を山に囲まれたうえ、水はけのよい土壌の多い山梨県は、米作に向かない。小麦も同様で、山梨の民はでんぷん類をふんだんに摂れない。ほうとうにすれば、カボチャや野菜、汁で量を増やせることができ、でんぷん不足を補えるのだ。

富士宮やきそば
もともとは〝洋食系〟の食べ物だった⁉

B級グルメによる地域おこしの代表例といわれるのが、静岡県の富士宮やきそば。1999年、地域おこしの材料として浮上、2000年には「富士宮やきそば学会」が立ち上げられ、2006年の第1回B1グランプリでは初代王者にも輝いた。

その富士宮やきそば、もとは〝洋食系〟の食べ物だったとされる。

富士宮やきそばの歴史は、第2次世界大戦直後にはじまる。物資不足の時代、外食といえば、鉄板を利用した簡単なものが多かった。富士宮でも、お好み焼き店や鉄板を使った駄菓子店が登場し、「洋食」を提供した。「洋食」といっても、西洋料理という意味ではなく、その正体は、小麦粉にキャベツを混ぜて焼き、ウスターソースをかけて食べるといったもの。素朴なお好み焼きのようなものだったが、小麦粉に代わって、そばを使うこともあり、それが富士宮やきそばの源流となった。

富士宮やきそばの麺には、強いこしがあり、噛みごたえがある。それは、茹でずに、蒸すところからくる。そうした独特の麺ができたのは、ビーフンのような麺をつくろうとしたからだという。富士宮やきそばの麺の発明者であるマルモ食品工業の創業者には、かつて台湾でビーフンを食べていた時期があった。彼は台湾ビーフンのような麺を目指し、その過程で蒸し麺が誕生したという。

富士宮で「洋食」として出されていたやきそばの麺には、この蒸し麺が使われるようになる。こうして、富士宮やきそばの形ができてきた。さらに、ラードを絞った肉かすや魚のふりかけをまぶすことよって、独特の深い味わいとなり、やきそばは富士宮市の定番メニューとなった。

気がつけば、富士宮市のやきそば消費量は、日本一と推計されている。そうした歴史と実績から、富士宮やきそばは地域おこしの主役に起用され、大きな成果をあげることになったのだ。

モーニング
名古屋を上回る!? 岐阜のモーニング・サービス

「食」をめぐる名古屋の名物には、きしめん、味噌煮込みうどんなどのほかに、喫茶店の〝過剰サービス〟がある。名古屋の喫茶店のモーニング・サービスは、日本一豪華といわれるのだ。

コーヒーにトースト、ゆで卵、サラダがつけば、東京や大阪では豪華なモーニングセットといえるが、それでは名古屋では質素なほう。名古屋のモーニングでは、サンドウィッチやホットドッグも登場するし、あんこを塗った小倉トーストは名物の域。卵料理もゆで卵程度ではなく、目玉焼きやオムレツが登場する。フルーツやヨーグルト、ジュースが添えられることも多く、じつに多彩である。
ところが、日本には名古屋を上回るモーニング・サービスを展開している地域がある。名古屋のお隣の岐阜である。岐阜市やその周辺都市のモーニングは、名古屋以上に豪勢で多彩なのだ。

岐阜のモーニングでも、サンドウィッチやホットドッグ、ヨーグルト、ジュースなどは定番である。岐阜では、それらの〝定番品〟に茶碗蒸しや五平餅が加わるのだ。

茶碗蒸しは、手間のかかるメニューであり、ふつうは和食専門の店でしか出てこないもの。そんななか、岐阜の喫茶店では当たりまえのように茶碗蒸しを用意しているのだ。

茶碗蒸しは、岐阜のモーニングでは、かなり重要なアイテムといえ、お客は茶碗蒸しの味で店を選びもする。そのため、各喫茶店は、具たっぷりの茶碗蒸しづくりにしのぎを削っているのだ。

そのほか、岐阜の喫茶店では、パスタやミネストローネ、コーンスープなどもモーニングにとり入れている。なかには、おかゆなど、和を主力とする喫茶店もある。

さらに寿司屋もモーニングに進出していて、コーヒーに握り寿司、巻き寿司を添えて出す店もあるほどだ。

岐阜の喫茶店がモーニング・サービスに力を入れるのは、喫茶店にお金を落とす客が多いからだ。岐阜市民が1世帯当たりで使う喫茶店代（2016年）は、年間で1万3518円にものぼる。全国平均（5756円）の2倍以上にのぼり、岐阜では名古屋さえも上回る大金が喫茶店代に投入されているのだ。

もみじ饅頭
広島名物「もみじ饅頭」誕生をめぐる噂の真相

もみじ饅頭といえば、広島県の宮島（厳島）名物。近年では、伝統的なあん入りだけでなく、チーズやチョコレート、クリーム味なども登場し、新たな客も取り込んでいる。

もみじ饅頭が誕生したのは、明治時代の終わり頃。つくったのは和菓子職人の高津常助で、頼んだのは、宮島の名門旅館「岩惣」の女将だったと伝えられる。

「岩惣」は宮島の紅葉谷にある旅館で、女将は紅葉谷にふさわしい土産を宿泊客に用意したいと考えていた。そこで、岩惣の前にあった菓子店、高津堂の高津に新しい菓子の製作を依頼。こうして1906年（明治39）、「紅葉形焼饅頭」が誕生した。それが、やがて「もみじ饅頭」と名を変え、宮島を代表する名物となったのである。

また、この話の発端をめぐっては、明治時代の大物政治家、伊藤博文が関わっていたという説も伝わっている。伊藤は宮島を好み、しばしば滞在していた。あるとき、紅葉谷を訪れたところ、若い娘が茶店でお茶を出した。伊藤は彼女の手に目をとめ、「なんとかわいらしい、紅葉のような手だろう。焼いて食うたら、さぞおいしかろう」と冗談を口にした。この話を聞いた岩惣の女将が、和菓子職人・高津常助に依頼、もみじ饅頭が誕生したというのだ。

ただし、今のところ、伊藤・生みの親説は、後世の作り話とみられている。伊藤といえば、女性好きで有名だった人物。伊藤の女性好きというイメージは、生前からすでに浸透していたので、いかにも伊藤の言いそうな話として、伊藤・生みの親説が誕生し、広まったようだ。

ただ、宮島は小さな世界である。伊藤が冗談を言ったとすれば、すぐに岩惣の女将や高津の知るところとなる。そこで、彼らが伊藤の冗談にこたえて、もみじ饅頭が誕生したという説も、完全には否定できない。

喜多方ラーメン

いつのまにか、細麺から太麺に変化した㊙事情

日本三大ラーメン都市というと、札幌、福岡、福島県の喜多方が挙げられる。喜多方市は人口5万人余でありながら、札幌、福岡という百万都市と肩を並べるラーメンの街なのだ。喜多方市内には約120軒のラーメン店があり、対人口比のラーメン店数では日本一を誇っている。

喜多方ラーメンは、東京をはじめ、全国に進出し、その味は広く知られている。スープは豚骨をベースにしているものの、あっさりめ。醤油味が多くを占めるが、塩味、味噌味もあって、バラエティに富んでいる。

喜多方ラーメンの最大の特徴は、「平打ち熟成多加水麺」といわれる独特の麺。この麺がスープによくからんで、麺とスープ、具の三位一体のおいしさを成り立たせているのだ。

ただ、喜多方ラーメンの麺は、これまでに大きな変化を遂げてきた。かつて、喜多方ラーメンの麺は、細麺だったのだ。それが今では、太麺に変わっているのだ。

最初に太麺に変えたのは、「源来軒」だったという。源来軒は、中国・浙江省生まれの藩欽星《ばんきんせい》の創業した名店であり、出前の注文にも応じていた。

ただし、ラーメンを出前すると、時間が経つうちに、麺がのびて、やがては切れてしまうリスクがある。そこで、源来軒では、それまでの細麺を太麺に変えていったという。太麺にすれば、のびにくくも、切れにくくもなる。

名店の源来軒が太麺に転換したこともあって、他の店も追随、喜多方ラーメンはしだいに太麺へと変化することになったのだ。

信州味噌
関東大震災が信州味噌を〝全国区〟に押し上げた!?

味噌の生産額で日本一の県は、信州味噌の長野県。2014年の統計では588・1億円、全国シェアの46・1パーセントを占めている。2位は八丁味噌で知られる愛知県（104・9億円）だが、全国シェアは8・2パーセントにとどまっている。出荷量を見ても、長野県は20万2199トンと、愛知県の4万7195トンを大きく引き離している。

長野県には、全国的に知られた味噌メーカーも多数ある。長野市にはマルコメみそ、伊那市にはハナマルキ、諏訪市にはタケヤみそがある。ほかにも、中小の製造会社が多数存在する。

もともと、長野県の冷涼な気候環境は味噌づくりに適していて、鎌倉時代にはすでに味噌づくりがはじまっていた。明治以降、企業化が進みはじめるが、信州味噌が全国シェアの半分近くを獲得するきっかけとなったのは、1923年（大正12）の関東大震災である。

震災によって、首都圏の味噌工場が大打撃を受け、生産がストップした。そんななか、長野県の信州味噌が救援物資として首都圏に運ばれた。

そのとき、多くの東京人が信州味噌を初めて口にすることになった。そのやや辛口な味わいは東京人を魅了し、信州味噌は首都圏進出を果すことになったのだ。こうして、東京を中心とする関東の食卓では、信州味噌が多く登場するようになり、東京を制したことで、信州味噌は全国区の味噌へと成長することになったのだ。

守口大根
愛知県の伝統野菜の意外すぎるルーツ

愛知県の名物、守口大根は、とにかく長い。直径は2〜3センチ程度しかないのだが、長さは120センチにもなるのだ。180センチ以上と、人間の背丈よりも長いモノもあるほどだ。

守口大根は、通常の大根よりも固く、生で食べるのには向かない。そのため、酒粕に漬けて漬け物にして食される。それが、守口漬であり、現在、守口大根はほぼすべて守口漬となっている。生産者と漬物業者の契約によって栽培量が決められているため、守口大根が普通の商店に出回ることは、まずない。

守口大根が栽培されているのは、愛知県と岐阜県内である。とりわけ、愛知県丹羽郡扶桑町は全国の6割以上のシェアを占めている。

守口大根という名前を聞いて「あれっ」と思うのは、大阪人だろう。大阪府には守口市があり、大阪の守口と大根を結びつけてしまうのだ。じつは、この連想は正しい。守口大根の名は、大阪の地名である守口に由来するのだ。大阪の守口は、一昔前までは、日本を代表する守口大根の産地だったのだ。

守口での守口大根の栽培は、室町時代末期にはじまったとみられる。守口大根の名が一気に高まるのは、豊臣秀吉によってである。豊臣秀吉は、天下統一に向かう時期、守口に宿泊することとなった。そのとき、守口漬が秀吉に供された。秀吉は守口漬を珍味と賞賛し、正式に「守口漬」の名を与えたと伝えられる。

江戸時代になると、守口は東海道筋の宿場町として栄える。守口に泊まった旅人は、守口漬を食べ、そのおいしさを口コミで伝えたので、守口漬の名はやがて全国的に知られていくことになる。

ところが、明治以降、守口での大根栽培は衰退に向かう。淀川堤防の改修によって、栽培地が失われたうえ、都市化が進んで、守口大根を栽培する農地が消え去ることになったのだ。

戦後、その隙間を埋めたのが、愛知県の扶桑町である。扶桑町では、1951年に守口大根を試作し、それを機に産地化を進めた。もともと、愛知県には、大根や瓜を粕漬けにする習慣があったので、守口漬の製造にも対応できた。こうして、大阪をルーツとする守口大根が、愛知県の名物として継承されることになったのである。

鳩サブレー
そもそも、どうして「鳩」の形になったの？

鎌倉の定番みやげの一つ、鳩サブレー。考案したのは、若宮大路に本店を構える老舗菓子店、豊島屋の初代店主・久保田久次郎である。豊島屋は、明治27年（1894年）創業の和菓子の老舗。その和菓子店が、なぜ洋菓子の鳩サブレーを売り出すようになったのだろうか？

きっかけは、創業して約3年が経った明治30年頃のある日、来店した外国人にビスケットをもらったことだった。そのビスケットは、手のひらほどもある大きな楕円形で、生地にはジャンヌ・ダルクが馬に乗り、槍をかざしている図柄が刻まれていた。

それを食べた久次郎は、バターがたっぷり使われたビスケットのおいしさに感動し、日本の子どもたちにも食べさせたいと研究をスタートした。

試行錯誤の末に完成したビスケットを、欧州航路帰りの船長に試食してもらったところ、船長は「この菓子は、フランスで食べたサブレーというものに似ている」とつぶやいた。

久次郎は「サブレー」という名の菓子があることさえ知らなかったが、「サブレー」が三郎という日本男子の名前に通じることから親しみを覚え、この名前を気に入ったという。

ただし、当初のサブレーは、丸い抜き型でつくられていた円形のものだった。それが「鳩」の形になったのは、次のような理由からである。

つねづね、久次郎は鶴岡八幡宮を崇敬し、本殿の掲額にある八幡の「八」の字が鳩の抱き合わせの形をしていること、また境内にいる鳩が子どもたちに親しまれていることから、鳩をモチーフに何か作れないかと考えていた。

やがて、新作菓子のサブレーと鳩を組み合わせることを思いつき、鳩の抜型を作って焼き上げ、「鳩サブレー」の名前で売り出した。

というわけで、今、広く親しまれている鳩サブレーのモデルは、鶴岡八幡宮のハトだったというわけである。

八ツ橋
蒸してあるのに、どうして「生八ツ橋」？

京都名物の八ツ橋には、「八ツ橋」と「生八ツ橋」の二種類がある。そのうち、八ツ橋は、生地を薄くのばして焼き揚げた、堅焼きせんべいの一種で、一説によると、これを考案したのは江戸時代に活躍した琴の名手、八橋検校《やつはしけんぎょう》だという。

ある朝、検校が井戸へ行くと、親しくしていた茶店の主人が米びつを洗っていた。米びつに残った米が洗い流されるのを見た検校はもったいないと感じ、「それで堅焼きせんべいを作ったらどうか」と店主にアドバイス。そうして出来あがったのが八ツ橋の原点で、琴の形をしているのは、琴の名手だった検校にちなんだものだという。

一方、「生八ツ橋」が生まれたのは、昭和になってからのこと。昭和35年5月17日、祇園祭り山鉾巡行の前日に、祇園一力《いちりき》で開かれた茶会に出された菓子「神酒餅《みきもち》」がもとになったといわれる。

ところで、生八ツ橋は、その名前から、何の熱処理も施していない〝生菓子〟と勘違いされがちだが、実際はそうではない。米粉、砂糖、ニッキを混ぜた生地を蒸し、そのうえで、味付けを施している。純粋な生菓子より日持ちするのは、生地を加熱しているからなのだ。

生ではない菓子が「生」と呼ばれるようになったのは、職人たちが使っていた業界用語が関係している。八ツ橋づくりに携わる職人の間では、従来の八ツ橋（堅焼きせんべい）と区別するため、焼く前の八ツ橋を「生八ツ橋」と呼んでいた。それが一般にも広まり、そのまま商品名になったのである。

九州醤油

どうして、甘い醤油を好むのか

九州の醤油は、甘いことで知られる。九州に出かけた東京人、大阪人からすれば、「甘すぎて、素材の味を台無しにしている」となるし、地元・九州人からすれば「この甘さのよさがなぜ、わからないのか」となる。

九州の醤油が甘いのは、砂糖を使っているからだ。さらには、植物性甘味料のステビアや甘草エキスといった甘味料も使用している。九州人が甘い醤油を好むのは、その環境に由来するからといえるだろう。九州は、日本にあって古くから砂糖を手に入れやすい地理的位置にあった。江戸時代、日本は、オランダから長崎貿易を通じて、砂糖を輸入していた。九州では、長崎貿易によって入ってくる砂糖を比較的手に入れやすかったので、九州人には早くから甘いものを好む傾向が生じたのだ。

江戸中期になると、九州の西南部で、サトウキビの栽培がはじまる。とりわけ、奄美大島でサトウキビ栽培が盛んになり、薩摩藩をはじめ、九州では砂糖をさらに手に入れやすくなった。

さらに、温暖な九州では果物の成長が早く、かつ甘い。5月からスイカを食べているような地域だから、ほぼ年中、甘い果物を口にできる。しかも、九州南部、鹿児島県を中心にした一帯はサツマイモの産地である。サツマイモもまた甘い食べ物であり、九州人はその環境から甘い食べ物になじんできたのだ。

砂糖や果物の甘さに舌が慣れると、調味料にも甘さが欲しくなったのだろう。九州の醤油には、じょじょに砂糖や甘味料が入れられるようになり、甘い醤油ができあがったのだ。

column 食べ物をめぐる大疑問④

栄養分の乏しい黒潮が、豊かな漁場をつくるのは？

通常、好漁場になるのは、植物プランクトンが多く、それを求めて多くの魚が集まる海域なのだが、「黒潮」はその植物プランクトンが少ない。

黒潮は、フィリピン東岸から北上して日本列島の南側に沿って流れている。たしかに、黒潮はフィリピン東岸で発生したころ、「海の砂漠」状態なのだが、日本列島に近づいたところで、状態が一変する。

黒潮は、高知県沖までくると、深海にある植物プランクトンなどを巻き上げる。それに誘われて、さまざまな魚が高知県沖にやってくるのだ。しかも、高知県沖の水温は、比較的高い。南から来る熱帯・亜熱帯性の魚にとってすみよい環境であり、成長も早くなるのだ。

しかも、高知県の場合、陸地の8割が山だ。豊富な栄養分を含んだ山から降りてくる川が海に流れ込み、黒潮をさらに豊かな海にしている。そこには、黒潮がもたらす温暖な気候が豊富な降水をもたらし、四万十川をはじめとする河川の水量を豊富にしていることもある。

実際、「黒潮の恵み」を最も大きく受けている高知県は、全国一、魚種が豊富な県として知られる。2位は静岡県で、やはり黒潮の恵みを受けている県だ。

5

知的な大人は知っている食べ物の雑学

シャンパン

重要イベントで飲むようになったのは、あの〝大会議〟から

シャンパンというと、おめでたい場や重要イベントで飲むアルコールという印象がある。コルクをポン！と勢いよく開け、グラスに注ぐとシュワシュワと泡立つ。いかにも華やかな場にふさわしい飲み物だ。

シャンパンは、フランスのシャンパーニュ地方で、特定の製法でつくられたものを指す。瓶内2次発酵を行ったあと、15カ月以上熟成させて造るというもので、17世紀後半、キリスト教修道士ドン・ペリニヨンが、その製法を確立したとされる。

シャンパンは、当初からハレの日用の飲み物だったわけではない。重要イベントで飲まれるようになったのは、ウィーン会議からのことだ。１８１４年から１８１５年にかけて開かれたウィーン会議では、ナポレオン戦争後のヨーロッパ秩序の再建について話し合われた。そのとき、会議を主催したオーストリアの外相メッテルニヒは、いわゆる美食外交を行い、飲み物としてシャンパンを振るまったのだ。

さらに、1855年に開かれたパリ万国博覧会で、ナポレオン3世が農産部門の目玉に高級ワインを選び、シャンパンも出品された。これにより、世界各地から訪れた観光客が、シャンパンの存在を知ることになった。それらのイベントから、「シャンパン＝大イベントで飲む酒」といったイメージが生まれ、華やかな場や重要イベントなどで飲まれるようになったのだ。

なお、発泡性のワインでも、シャンパーニュ地方以外でつくられたものはシャンパンとは呼べない。他の発泡性ワインは「スパークリングワイン」と総称される。イベントなどで出てきたのがスパークリングワインなのに、「やっぱりシャンパンはおいしいね」などと、したり顔でいうと恥をかきかねないので、ご注意のほど。

非常食

なぜ非常食といえば、「乾パン」と「氷砂糖」なの？

非常食は、災害などの緊急時に備えて、常備しておく食品のこと。その非常食の中でも、安価かつ手軽な食品として利用されてきたのが、乾パンである。小麦粉、砂糖、食塩などにイーストを加えて発酵させたあと、150〜200度程度で焼く。ふつうのパンと違い、日持ちするよう、水分を極力使わずに造る。それが、乾パンという名前の由来でもある。

乾パンには、より日持ちするように、缶詰に入ったものもある。その缶詰には、乾パンだけでなく、氷砂糖がセットで入っていることが多い。それには、二つの目的があり、一つは糖分補給、もう一つは乾パンを食べやすくするためだ。

乾パンは、水分をほとんど含んでいないので、それだけでは硬くて食べにくい。よく噛めば、小麦の香ばしさや甘みを感じられ、それなりにおいしく食べられる。その際、役立つのが、氷砂糖なのだ。氷砂糖をなめると、唾液が出やすくなる。唾液がたっぷり出た状態で、乾パンを食べれば、ずっと食べやすく、おいしく感じられるというわけだ。

とりわけ、災害などの緊急時には、乾パンはあっても、飲み物がないという場合もありうる。そこで、乾パンと一緒に氷砂糖が入れられているというわけだ。メーカーによっては、金平糖を一緒に入れている場合もあるが、これも同様の理由からだ。

ポンジュース
「ポン」にこめられた〝想い〟とは？

えひめ飲料が発売しているポンジュースは、果汁100パーセントが珍しかった時代から、果汁100パーセントを売りにしてきたジュース。えひめ飲料の本社がある愛媛県は、いわずと知れたみかん王国だ。愛媛県のみかん産業発展のため、当時、同県の青果農業共同組合連合会の会長だった桐野忠兵衛《ちゅうべえ》が、ジュースの製造販売を思いついたのが始まりだ。桐野は、1951年、アメリカで柑橘類の加工工場を視察した際、ジュース化を思いつき、翌1952年に発売を開始した。

もっとも、当初は果汁100パーセントではなく、果汁100パーセントになったのは発売から17年後の1969年のことだった。

「ポンジュース」という名の名付け親は、当時の愛媛県知事だった久松定武。当時は農協が製造・販売を行っていたので、農協が久松知事にネーミングについて相談したところ、久松は「日本一のジュースになるように」という意味で、ニッポンを略して

「ポンジュース」と命名したという。

また、松山藩主の血を引く久松知事は、フランス在住経験があった。フランス語で「こんにちは」を意味する「ボンジュール」と響きが似ていることから、「ポンジュース」にしたという説もある。

ちなみに、現在、ポンジュースのラベルを見ると、ポンは「ＰＯＮ」ではなく、「ＰＯＭ」という表記になっている。当初の表記は「ＰＯＮ」だったのだが、「ＰＯＭ」に変えたのは、英語でブンタンを意味するpomeloや、果樹栽培法を意味するpomologyなど、「ＰＯＭ」で始まる柑橘関係の言葉が多いからだという。

というように、ポンジュースの「ポン」には、さまざまな意味と思いが込められているのだ。

そうめん
西日本に広まり、東日本に広まらなかった理由

そうめんの原形は、現代のわれわれが知っている、あの細い麺ではなかった。そう

めんの祖先は、中国の「索餅《さくへい》」と呼ばれる食べ物で、練った小麦粉と米粉を縄のようによじり、揚げたり蒸したりして食べていたものだ。

その「索餅」が日本に伝わったのは、奈良時代のこと。現在の奈良県に伝わり、現在のようなそうめんに変化したとみられている。

そのそうめん、生産が盛んな地域の分布を見てみると、前述の奈良・桜井市の「三輪そうめん」、香川県・小豆島町の「小豆島そうめん」、富山県・砺波市の「大門そうめん」、兵庫県・たつの市、宍粟市の「播州そうめん」、徳島県・つるぎ町の「半田そうめん」、長崎県・南島原市の「島原そうめん」など、西日本に集中していることがわかる。

一方、東日本で古くから食べられていたのは、そうめんより太い「ひやむぎ」だ。ひやむぎは室町時代、「切り麦」と呼ばれていたもので、小麦粉を切ってのばし、包丁で切って造るもの。「手延べ」によって細く伸ばされたそうめんとは、製法が異なる。

そうめんとひやむぎは、地域ごとに作られ、その地の郷土料理として定着していたが、それが全国的に流通するようになると、品質をそろえるために、１９６８年に、

JASで太さなどの基準が決められた。そうめんは、太さが1・3ミリ未満、ひやむぎは1・3ミリ以上〜1・7ミリ未満というのがその基準だ。

しかし、素朴な疑問もある。西日本で盛んに生産され、消費されてきたそうめんが、なぜ東日本ではあまり普及しなかったのだろうか？

それは「お伊勢参り」に理由があるとみられている。そうめんは、西日本から伊勢参りに行く人が、奈良を通ったときに三輪そうめんを買い求め、土産として持ち帰り、各地に広まった。一方、東日本から伊勢参りに向かうルートでは奈良を通らなかったため、東日本にそうめんが広まることはなかったのである。

米菓
せんべい、あられ、おかき…なぜ米菓といえば新潟産？

せんべいやあられ、おかきは、いずれもコメから作られる米菓。ただし、使われているコメの種類には違いがあり、せんべいの原料は、うるち米。あられ、おかきは、もち米を原料とし、味も食感も異なる。

その米菓の大生産地といえば、新潟県である。現在、全国米菓工業組合に所属している新潟県の企業は16社。そのなかには、「亀田の柿の種」や「ハッピーターン」の亀田製菓、「ばかうけ」の栗山製菓、「正解は……越後製菓！」のテレビCMでおなじみの越後製菓、三幸製菓、ブルボンなど、有名企業が顔をそろえている。

さすがはコメどころ、と思うかもしれないが、新潟県で米菓の生産が盛んになったのは、1970年代に入ってからのことだ。

ここで、新潟県のコメ作り史をさかのぼると、意外なことに、戦前まで、新潟米といえば、むしろ商品価値は低かった。その状況が一変したのは、1944年、新品種の「コシヒカリ」が登場したからだ。

水量豊富で、気候が冷涼な新潟県は、コシヒカリの栽培に適していた。とりわけ、魚沼地域は、等級「特A」ランクのコシヒカリの名産地となった。そこから、新潟県は日本を代表するコメどころとなり、やがて日本第一の〝米菓どころ〟にもなったのである。

逆に言えば、それ以前の新潟県は、コメどころでもなければ、〝米菓どころ〟でもなかった。

戦前から1960年代までの米菓製造は、東京、大阪、愛知県などが主な産地だったのである。

新潟県で米菓製造がスタートしたのは大正時代のことだが、昭和を迎えて戦争がはじまると、原料米の供給量が激減。米菓産業は打撃を受けたまま、敗戦を迎える。また、亀田製菓の前身「亀田郷農民組合」は、戦前、水あめの製造メーカーだったが、戦後、大手企業がアメの製造に乗り出すと、苦境に陥った。

そこで、今の亀田製菓など、各企業は米菓に目をつけた。コメという原料に事欠かない強みを生かし、大手に対抗するため、自ずと商品を米菓に絞り込むことになったのだ。そうして、新潟の米菓産業は、全国トップの生産量を誇るまでに成長したのである。

ポテトチップス
料理人と客のケンカから生まれたって本当?

子どもから大人まで、世代を問わずに食べられているポテトチップス。そのポテトチップスが食べられなくなる!?――という衝撃が走ったのは、2017年のことだった。

北海道を襲った台風の影響で、じゃがいもが不作となり、大手メーカーがポテトチップスの販売を休止すると発表。なかには、製造・販売そのものが終了となった商品もあり、ポテチファンによる買い占めも話題になった。

「あの味が食べられなくなる」と思うと、食べたくなるのが人情というものだが、ポテトチップス自体は、じゃがいもを薄く切って油で揚げただけのスナック菓子。それが人々を惹きつけるのは、ほどよい塩加減と、パリっとした軽い食感に魅力があるからだろう。

そんなパリパリ食感のポテチは、19世紀半ばのアメリカ、一人のコックが、腹立ちまぎれに作ったメニューだったという話が伝わっている。

ニューヨーク州のリゾート地に、ジョージ・クラムというコックがいた。彼がフレンチフライを客に出したところ、「分厚すぎて、好みに合わない」と、客は注文を取り消した。

そこで、クラムは、イモを薄めに切って揚げたが、そのフライも客は気に入らなかった。

頭にきたクラムは、じゃがいもをこれでもかというほど薄く切り、フォークで刺せないようカリカリに揚げて出したのである。

ところが、その紙のようにペラペラのイモフライを食べた客が、「これはうまい！」と大絶賛。それを見ていた他の客も次々と注文し、その料理は店のメニューにも掲載されるようになった。

というわけで、ポテトチップスは、コックのひらめきや努力ではなく、クレーム客への腹いせから生まれた料理だったのである。

カステラ
ルーツはスペイン？　それともポルトガル？

カステラは、今では日本のお菓子として定着しているが、もとは外国の菓子。戦国時代に、キリスト教や鉄砲とともにもたらされた。

日本にやってきた宣教師たちは、甘くておいしいカステラを領主や身分の高い武士、あるいは庶民にも与えて布教活動に利用した。織田信長や豊臣秀吉も好んで食したという。

そのカステラのルーツは、スペイン、あるいはポルトガルといわれているが、どちらなのかは諸説あって判然としない。ここでは、両方の説を紹介してみよう。まずは「スペイン起源説」から。

カステラという名前は、スペインのカスティーリャ（Castilla）に由来するという。スペインの首都マドリードを中心に、南東に広がる地域を「カスティーリャ・ラ・マンチャ」、北西に広がる地域を「カスティーリャ・イ・レオン」という。つまりカステラは、カスティーリャ国でつくられていたお菓子が日本に伝わり、「カスティーリャ」が「カステラ」に転じたという説である。

一方、ポルトガルには「バン・デ・ロー」というふわふわに焼き上げたお菓子があり、それがカステラのルーツだという説もある。

バン・デ・ローは円形に焼かれるのが一般的だが、地域によってカステラのように長方形のものもある。

バン・デ・ローの作り方を日本人に教えたポルトガル人が、「卵白を城（＝カストロ）のように、高くツノが立つように泡立てるように」とアドバイスした。その「カストロ」が、やがて「カステラ」に転じたという。

冷やし中華
仙台発祥説と東京発祥説をひもとくと…

夏が近づくと食べたくなる冷やし中華。冷やし〝中華〟というくらいだから、中国から伝わった食べ物かと思いきや、じつはそうではない。冷やし中華は、日本生まれの日本育ちのメニューなのだ。その発祥をめぐっては、「仙台発祥説」と「東京発祥説」の両説がある。

まずは、仙台発祥説から紹介しよう。ときは1937年のこと。宮城県仙台市の中華料理店では、どこも夏場の売り上げ減に困っていた。

エアコンのない時代、暑い盛りに熱々のラーメンを喜んですする客がいるはずもない。

店主たちが頭を抱えるなか、冷たい中華麺に野菜をのせ、酢を加えたタレでサッパリ食べさせるというアイデアを思いついた人がいた。当時の仙台市中華組合の組合長だった四倉義雄だ。

四倉はそれを「涼拌麺《りゃおばんめん》」と名づけ、自身が経営する「龍亭《りゅうてい》」で売り出すと大当たり。ラーメン一杯が10銭だった時代、25銭の値段でもよく売れたという。龍亭は、現在も仙台市青葉区で営業しているが、冷やし中華のトッピングは、今とはだいぶ違っているという。

最初に考案された冷やし中華は、茹でキャベツ、塩もみしたきゅうり、ニンジンを和えたものに、チャーシュー、メンマ、ゆで卵を一緒に麺の上に乗せて、提供していたという。

一方、東京発祥説の舞台は、今も東京の神田神保町で営業している「揚子江菜館」。「元祖冷やし中華　五色涼拌麺」は、1933年に発売されたという。こちらの冷やし中華は、独特の盛り付けが特徴で、まず山の形のよう麺を盛り、キュウリ、たけのこ、チャーシュー、寒天などを立てかけるようにトッピング。それは、富士山の四季のイメージしており、その〝頂上〟にあしらわれた錦糸卵は、富士山にかかる雲を演出しているそうだ。

チョコレート

どうして包装には〝銀紙〟を使っている？

板チョコといえば、銀紙に包まれているもの。粒タイプのチョコも、一粒ずつ、銀紙で包まれていることが多い。なぜ、チョコレートは銀紙に包まれているのか？――と疑問に思ったことはないだろうか。

チョコを包んでいる銀紙の正体は、アルミ箔。アルミニウムを厚さ1ミリの100分の1程度にのばしたものだ。

ご存じのとおり、カカオマスを原料に作られるチョコレートには、脂肪分が多く含まれている。その脂肪分が光や湿気にさらされると酸化して、風味や味が落ちてしまう。銀紙は、光や湿気、カビ、暑さなどからチョコレートを守るために使用されているのだ。

遮光や湿気防止が目的なら、別の素材を使ってもよさそうだが、長年、アルミ箔＝銀紙が使われてきた理由は、第一に簡単に手で開けられるから。食べかけの残りをしまうときも、銀紙なら簡単に包み直すことができる。

当初、チョコレートの包装には、錫箔《すずはく》が用いられていた。日本では、昭和5年（1930）にアルミ箔が作られたが、穴があいたり、厚さが均一にならなかったりしていた。その後、改良が重ねられたことで、チョコの包装といえば、銀紙という定番スタイルができあがったのである。

ちなみに、バターの包装に使われている銀紙も、アルミ箔だ。バターを包む銀紙も、酸化や冷蔵庫の匂い移りなどから、バターのおいしさを守ってくれているのである。

昆布
北海道で取れる昆布が、沖縄で消費されるワケ

昆布は、沖縄料理に欠かすことのできない食材だ。クーブイリチー（昆布の炒めもの）、クーブマチ（魚の昆布巻き）をはじめ、ソーキそば、ティビチ、汁ものまで、昆布はさまざまな沖縄料理に用いられている。むろん、沖縄の昆布消費量は、全国トップレベルにある。

沖縄で昆布料理が広まったのは、江戸時代のことだが、ここで一つ疑問がわく。昆布のとれない沖縄で、なぜ食べられてきたのだろうか？

それは、かつて琉球を支配下に置いた薩摩藩を経由して、富山藩から沖縄へ昆布が持ち込まれていたからだ。

18世紀、蝦夷地と呼ばれていた北海道でとれる昆布やニシンなどの海産物は、北前船に積み込まれ、各地に運ばれていた。この昆布に目をつけたのが、いわゆる富山の薬売りたちだった。

鎖国時代、唯一の貿易港だったのが長崎。その長崎から中国へ運ばれた主力商品のひとつは、北海道の海産物で、とりわけ昆布は甲状腺の薬として、中国でよく売れていた。一方、中国からは漢方薬「唐薬種」がもたらされ、それは富山の薬売りにとって、のどから手が出るほど欲しい品物だった。しかし、輸入品は幕府の統制下にあり、高価なうえに、数も限られていた。

そこで、彼らが思いついたのが、薩摩藩を通じて、琉球経由で中国との密貿易ルートを築き、唐薬種を大量かつ安価で手に入れようという策だった。さっそく、富山の商人は、雇い入れた船で北海道の昆布を仕入れると、北海道から薩摩へ、また薩摩から琉球を経由して中国へと昆布を運び、代わりに中国から薬種を仕入れ、富山で薬に加工して全国に売り歩いた。

そして、この〝昆布密輸〟の中継地となった沖縄には、大量の昆布がもたらされ、庶民の口にも入るようになったのである。

昆布の旨み成分であるグルタミン酸は、沖縄で古くから食べられていた豚肉料理との相性が抜群だった。肉のうま味、昆布のうま味の相乗効果で、沖縄には独自の昆布料理が根づくことになったのである。

おせち
縁起はよくても、食べ過ぎには要注意の理由

正月料理の定番、おせち料理。正月に、縁起のよい食材を食べるために作られてきた料理といわれる。たとえば、黒豆には「マメ（達者）に働けるように」、数の子には「子孫が繁栄するように」といった願いが込められるという。

そうしたおめでたいおせち料理ではあるが、栄養学的に見ると、ヘルシーなメニュ

ーとはいえない。おせち料理は3日分程度を一気につくるため、保存性を求められる。必然的に、食塩やしょうゆなどを多く使うことになり、食べすぎには要注意だという。

管理栄養士によると、代表的なおせち料理である昆布巻き、かまぼこ、さわら焼き、田作り、数の子、だて巻き、きんとん、黒豆、煮染め、くわいの10品を食べると、1食当たりの食塩摂取量は7・8グラムにもなるという。国が目安としている食塩の1日の摂取目標量は、男性が8グラム未満、女性が7グラム未満だ。おせち料理を一食食べただけで、ほぼ1日分の塩分を摂取することになってしまうのだ。

カロリー面も、要注意だ。おせち料理には、砂糖を大量に使っているものが多いため、意外にカロリーが高いのだ。

とりわけ、砂糖が多いのは、栗きんとん、黒豆、だて巻きで、これらには、お菓子に近い量の砂糖が使われている。栗きんとんは栗2粒（約80グラム）で170キロカロリー、黒豆は1人前（約20グラム）で57キロカロリー、だて巻きは2切れ（約40グラム）で80キロカロリーもある。おいしいからといってパクパク食べていると、大変なカロリー摂取になってしまうのだ。

野菜の煮染めも、おせち料理の場合、油断は禁物だ。普通ならヘルシー料理といえる野菜の煮染めだが、おせち料理では、ふだんよりもしょうゆと砂糖が多めに使われている。すると、やはり塩分やカロリーの過剰摂取につながる危険が高いので、食べ過ぎにはご用心のほど。

寿命と食べ物

〝寿命最短県〟の食生活事情を読み解く

２０１７年暮れに、厚生労働省が発表したデータによると全国都道府県の中で、もっとも長命なのは長野県。男性の平均寿命が81・8歳（全国2位）、女性は87・7歳（1位）になる。一方、もっとも短命なのは、青森県だ。男性の平均寿命が78・7歳、女性は85・9歳である。東北地方には短命県が多く、全国ランキングでは、秋田県が青森県に次ぐ短命県であり、それに岩手県がつづく。

青森県は、リンゴ県でもあり、魚の幸にも恵まれている。健康によさそうな食材が身近にありそうなのに、短命となったのは、その食べ方に問題があるからといわれる。

まずは、塩分の摂りすぎである。食塩の1世帯当たりの年間使用量は、全国平均が2・6キロに対して、青森県の使用量は4・57キロだ。じつに、全国平均よりも2キロ近くも多い塩分を摂っていて、むろん全国一なのだ。

青森県民が塩分を好むのは、味の濃いものを好むという伝統もあろうが、気象条件の影響もありそうだ。青森県の降雪量は日本一であり、冬場、大雪がつづくと、簡単には外出できなくなる。そこで、しかたなく、保存食をおかずに、ご飯を食べることになる。日本で保存食といえば、おおむね塩で漬ける食べ物のことであり、青森では、漬け物、すじこや塩ジャケなどがよく食べられている。

青森の人々は、ただでさえ塩辛いこうした食品に、さらに醤油をかける習慣がある。長い冬の間、塩ジャケや漬け物に醤油をかけて食べていれば、どうしても塩分摂取が過剰になる。

さらに現代では、インスタントラーメンも保存食のひとつといえ、青森県は、インスタントラーメン（袋麺）の一人当たり消費量は日本一。カップラーメンの一人当たり消費量も、全国2位だ。そうしたラーメンのスープまで飲み干せば、やはり塩分摂取量が多くなってしまう。

加えて、青森県民は喫煙率（23・7パーセント）が、全国一の北海道の24・7パーセントにつづく全国2位。さらに、アルコールの一人当たりの消費量は、全国6位。喫煙率の高さやアルコール消費量の多さもまた、冬の退屈な環境に原因があるのだろう。退屈をまぎらわせるため、青森県民はタバコを吸い、酒を飲んでいるのだ。

しかも、大雪で家から出ないと、食べるばかりで、あまり歩かなくなり、運動不足の原因になる。というように、青森県は大雪県であるがゆえに、短命県となっているのだ。

醤油
〝一気飲み〟はどうしてキケンなのか

戦前、徴兵検査で落ちるためには、醤油を大量に飲めばいいという伝説があった。醤油を大量に飲むと、中毒症状を引き起こすからだ。数時間後には頭痛、発熱があり、低血圧、頻脈、めまい、痙攣《けいれん》を引き起こす。そんな状態で検査を受ければ、兵隊には不適格と判断されるというのだが、それはじつは死に至りかねない危険な行為だった。症状がさらに深刻化すれば、尿細管壊死による腎臓障害を引き起こすおそれがあるからだ。また、呼吸停止や昏睡に至る危険性もある。

醤油を大量に飲むと命取りになりかねないのは、醤油に大量の塩分が含まれているからだ。食塩（塩化ナトリウム）は人間が生きていくの欠かせない物質だが、その一方で、塩分は大量に摂取すると中毒死を招く〝危険物質〟でもある。血液中の塩分濃度が1キロ当たり0・5〜1グラムに達すると、中毒症状が起き、塩分が血液1キロあたり0・5〜5グラムともなれば、致死量となるのだ。

それを醤油に当てはめれば、淡口、濃口でも変わるが、168〜1500ミリリットルが致死量となる。つまり、醤油さし2本分の醤油を一気飲みすると、早くも、命が危うくなりはじめる。一升瓶の醤油をまるごと飲み干すと、おおむね死に至ることになるのだ。

なお、醤油を大量に飲んだとき、症状が悪化しやすいのは、濃口醤油よりも淡口醤油のほうだ。

意外なことに、淡口のほうが塩分含有量は多く、濃口の塩分濃度が16・2パーセントであるのに対して、淡口は20パーセントにも達するからだ。

ティーバッグ
新鮮な茶葉を保つために、何をしている？

お茶をおいしく飲むためには、できるだけ新鮮な茶葉でいれることが大事だ。とくに気をつけたいのが、茶葉を酸素に触れさせないこと。酸素に触れると、茶葉に含まれる葉緑素やカテキンが酸化し、味が落ちてしまうのだ。

また、緑茶の場合、中に含まれているビタミンCが酸化し、栄養も損なわれることになる。

加えて、湿度の多い環境も禁物。茶葉は含有する水分量が増えると、酸化が進んでしまうのだ。また、光にも、葉緑素の分解を促進させる作用がある。つまり、茶葉にとって酸素、湿気、光は大敵であり、それらから茶葉を守るため、お茶メーカーは包装に気を使っている。

袋詰めする場合、真空包装にしたり、脱酸素剤の封入や窒素ガスの充塡などによって中の酸素を除去する。

そして、開封後は気密性の高い容器に入れ、冷暗所で保管することを推奨している。一度開封したお茶は、夏なら半月程度が賞味期限となる。

ここで気になるのが、ティーバッグのお茶だ。ティーバッグのお茶は、1回分ごとにバッグの中に入っている。バッグの素材は布や不織布などであり、袋の中の茶葉にお湯をかけて使うのだから、もちろん袋の気密性は低く、酸素も湿気も通す。そんな状態ではすぐに酸化してしまいそうな気がするが、じつはティーバッグの場合、ティーバッグを入れる袋にさまざまな工夫が施されている。

一般に、ティーバッグの袋は、いちばん外側が上質紙で、その内側がポリエチレン、その内側がアルミ箔、さらに内側がポリエチレンという4層構造になっている。ポイントは、3層めにあるアルミ箔で、ティーバッグの中の茶葉を光や湿度から守っている。さらに、袋詰めする際、窒素ガスを充填して酸素と置換することで、酸化も防いでいる。

ちなみに、ティーバッグの袋には、アルミ箔を使わず、紙だけでティーバッグを保護しているものもある。その場合、アルミ箔を使ったものに比べると、劣化が多少早くなる。

味噌汁

温度が下がると、極端に味が落ちるワケ

朝の残り物の味噌汁を昼に飲もうとしたときだ。面倒がって温めなおさずに飲むと、驚くほど、まずく感じるもの。それは時間が経ったからだけではない。「冷めた味噌汁」というものは、温かい味噌汁とは、まったく味の違う食べ物なのだ。

味には、塩味、酸味、苦味、甘味、うま味の5種類がある。味噌汁の場合、味としておもに感じるのは、塩味とうま味。このうち、塩味は、温度の影響をあまり受けない。冷たい料理でも熱い料理でも、感じる塩味にほぼ変わりはない。

一方、うま味は、温度によって一変する。うま味は、体温ぐらいのときがいちばん強く感じられ、温度が下がるほどに感じ方が弱くなる。味噌汁がもっともおいしく飲める温度は、60〜70度といわれる。それぐらいの温度だと、舌で味わうとき、ちょうど体温ぐらいになるのだ。

60度以下の味噌汁は、舌が味を感じるときには体温より低くなり、うま味を感じに

くくなる。そのため、冷めた味噌汁は、塩味が勝ちすぎておいしく感じられないのだ。残り物の味噌汁を飲むときは、多少面倒でも温め直して飲むことだ。

レバー
「生」は臭わないのに、下手に焼くとなぜ臭う？

焼き肉店や焼き鳥店のメニューにある「レバー」は、牛・豚・鶏の肝臓のこと。栄養豊富で、とりわけ鉄分を豊富に含むことから、鉄分補給にはもってこいの食材として知られている。

だが、食べ物の好みは、人それぞれ。レバニラ炒めが大好物という人がいる一方、「あの匂いが苦手で……」と敬遠する人がいるのも事実。しかも、不思議なことに、生のレバーは匂わないのに、加熱すると、独特な匂いがしはじめる。あの焼きレバーの匂いは、いったい何なのだろうか？

加熱レバーの匂いのもとは、アラキドン酸という不飽和脂肪酸の一種。では、不飽和脂肪酸とは何だろう？

魚や肉に含まれているアブラ、脂質には「飽和脂肪酸」と「不飽和脂肪酸」の二種類があり、それぞれの性質には違いがある。

飽和脂肪酸を多く含むのは、バター、ラードなど、動物性の脂質で、熱すると溶けるが、常温では固まるという性質がある。一方、不飽和脂肪酸は、魚に多く含まれる脂肪分。健康成分といわれるＤＨＡ（ドコサヘキサエン酸）や、ＥＰＡ（エイコペンタエン酸）など、〝血液をサラサラにする〟といううたい文句で知られる成分が、その代表格だ。じつは、肉の肝臓であるレバーのＡＲＡ（アラキドン酸）も、その一つに含まれている。

それが、匂いのもとになるのは、血液の赤血球に含まれている鉄分が、加熱されることで、活性化し、ほかの物質を酸化・分解するため。レバーの場合は、加熱すると、活性化した鉄分によって、アラキドン酸が分解され、あの独特な匂いが発生するのである。

レバーの匂いをおさえておいしく食べるコツは、たっぷりの油を使い、高温で調理すること。フライパンに油をそそいだら、充分に加熱したところにレバーを入れ、一気に調理する。こうして、加熱時間を短くすると、アラキドン酸の分解が進まず、そのぶん、匂いの発生をおさえることができるというわけだ。

とんかつソース

日本オリジナルを生みだすまでの〝ソース史〟

とんかつソースは、日本オリジナルのソース。日本人は、その独自の味を生みだすまでに、約半世紀の時間をかけてきた。

とんかつソースの源流にあるのは、ウスターソースである。ウスターソースは、19世紀初期にイギリスで生まれたという。英国・ウスタシャー州の主婦が、余った食材を調味料と一緒に保存したところ、たまたまおいしいソースができあがっていたというのだ。その後、別のイギリス人がインドのソースをもとにして、独自にソースを開発する。それが、リー&ペリン社のウスターソースとなって、世界に普及していく。

ウスターソースが日本に伝来したのは、明治の半ばのことで、1885年、神戸の阪神ソースが業務用として販売を開始する。阪神ソースの創業者は、リー&ペリン社で学び、神戸の肉に合うソースを開発しようとしたという。続いて、ヤマサ醤油が

「新味醤油」というふれこみでソース事業に参入するが、当初、ウスターソースは日本では受け入れられなかった。

情勢が変わったのは、1894年のことだった。大阪で三ツ矢ソースが売り出されると、これが評判を呼び、以後、多くのメーカーがソース業界に参入する。

ただ、第2次世界大戦まで、今のとんかつソースのような濃厚なソースはなかった。とんかつソースが生まれるのは、戦後まもない1948年のことだ。

神戸の道満《どうまん》調味料研究所（現・オリバーソース）が開発、まずは関西人に受け入れられていく。

関西には、とんかつの名店もあれば、お好み焼き店もたこ焼き店も多数あった。関西には、とんかつソースを受け入れる土壌があったのだ。

サルサソース
「サルサ」ってどんな意味？

メキシコ料理には、サルサソースがよく登場するが、このサルサソースという名は、いわゆる重複表現。「サルサ（salsa）」は、スペイン語でソースを意味するからだ。つまり、サルサソースというと、「ソース・ソース」といっていることになってしまうのだ。

サルサの語源は、ラテン語で塩を意味する「サル（salis）」。英語やフランス語のソースもまた、ラテン語のサルに由来し、サルサとソースは意味も語源も同じ言葉なのだ。

サルサは、メキシコのみならず、中南米で広く使われ、さまざまなサルサがある。そのうち、サルサ・ロハは「赤いソース」という意味で、メキシコやアメリカ南西部でよく使われている。トマトを軸にして、唐辛子、コリアンダーなどを使ったソースだ。

一方、サルサ・ランチェラは、牧場のソースという意味で、トマト、タマネギ、ニンニク、唐辛子などが使われている。近年は、日本人も馴染みはじめているサルサだ。

なお、醤油をスペイン語でいうと、サルサ・デ・ソヤとなる。これは、大豆のソースという意味。

パッションフルーツ
このパッションは〝情熱〟ではない！

日本では、フルーツジュースや缶チューハイに加工されるパッションフルーツは、強い香りと甘酸っぱさが魅力のブラジル原産の果物。熱帯のフルーツだから、このパッションとは情熱的という意味だと、誰もが思うだろう。

しかし、英語のパッション（Passion）には情熱のほか、「キリストの受難」という意味もあり、この果物の名はそちらに由来している。

パッションフルーツの名づけ親は、15世紀末、大航海時代に南米を訪れたスペイン宣教師だといわれる。布教のために南米に渡った宣教師たちが山奥に分け入ったさい、パッションフルーツの花が咲いているのをみかけたという。

この花をはじめて見た宣教師は、花の形を十字架にかけられたキリストの姿に見立て、「受難の花（パッションフラワー）」と名づけたと伝えられる。

パッションフルーツの花の中央には、３つに分かれた雌しべがある。その雌しべを十字架にかけられたキリストに見立て、3本の柱頭は釘を、5つの雄しべはキリストが受けた5つの傷になぞらえた。さらに、巻きひげはムチに、5枚ずつあるガクと花弁は、刑場でキリストをみとった10人の使徒を象徴しているという。

一方、パッションフルーツは、日本名では「クダモノトケイソウ」という。スペイン宣教師が十字架に見立てた部分は、日本人には時計の針に見えたというわけである。

そのパッションフルーツ、生の果実が手に入ったときは半分に切り、タネごとすくって食べてみるといい。〝受難〟という本当の意味を知っていても、その強い香りとさわやかな酸味は、まさに〝情熱的な南国の味〟である。

桃

ひな祭り用の桃からは、桃がとれない!

『西遊記』では、地上で暴れた孫悟空が、その罰として、天界にある「桃園」の管理をまかされる。桃園には、6000年に一度、あるいは9000年に1度、実をつける桃があって、食べると不思議な力を授かるという。孫悟空はその桃を盗んで食べ、あのパワーと不老不死の体を手に入れたとされる。

日本でも、桃は古くから縁起のいい果物とされてきた。たとえば、数々の奇跡を起こしたと伝わる陰陽師・安倍晴明を祀る京都の晴明神社には、「厄除桃」と呼ばれる桃の形のモニュメントがある。陰陽道では、桃は厄除けの果物とされ、撫でると厄払いできるという。

日本の伝統行事、女の子のすこやかな成長を祈る「ひな祭り」にも、桃は欠かせない。といっても、用いられるのは、実ではなく、その花。毎年3月3日が近づく頃、ピンク色の桃の花が店頭に並びはじめる。

親心としては、「この愛らしい花から、縁起物の桃が実るんだ」と思うかもしれないが、じつはひな祭り用の桃の花は、食用の桃とは別の「花もも」と呼ばれる園芸品種。花ももにも実をつける品種があるものの、ふだん食用にするジューシーな桃とはほど遠く、味はよくない。

ひな祭り用に園芸品種の桃の花が売られているのは、食用の桃の花は、ひな祭りシーズンには咲いていないからである。旧暦では、ひな祭りの3月3日は現在の4月に当たるが、新暦に移行するさい、旧暦の日付のまま、3月3日を「桃の節句」としたため、まだ桃の花が咲いていない寒い時期に、桃の節句が行われることになったのである。

日本酒

なぜ日本酒は、飲酒を禁じられたお寺で生まれたのか

神社には、お神酒はつきものであり、神事のため、自ら酒を造る神社もある。というように、神道と日本酒は密接な関係にあり、その一方、仏教は酒を禁じている。

ところが、不思議なことに、日本酒の発祥の地は神社ではなく、お寺なのだ。奈良県菩提仙川の上流にある正暦寺《しょうりやくじ》は、日本酒発祥の地として知られ、参道近くには「日本清酒発祥之地」と書かれた石碑も建っている。

なぜ、酒が禁制のはずのお寺で、日本酒が生まれたのだろうか？　じつは、日本の仏教では、酒に関する規制は、さほど厳重ではない。飛鳥時代、日本に仏教が伝来し

た頃は、寺院での酒造りなど、論外のことだったが、奈良、平安と時代を経るにつれ、日本では神仏習合が進行し、両者の境界があいまいになってくる。すると、神社で神に捧げるために酒を造るのと同様に、寺院でも仏に捧げる酒を造るようになったのだ。

なかでも、大寺院で僧侶が造る酒は「僧坊酒」と呼ばれ、やがて捧げ物だけでなく、商品としても造られるようになる。とりわけ、多くの酒を造っていたのが正暦寺で、正暦寺で造る酒は品質が高いことで知られていた。

いまでこそ、日本酒というと澄んだ酒、いわゆる清酒が主流だが、中世前半まで、日本で造られる酒は、濁り酒しかなかった。正暦寺では技術革新に取り組み、15世紀初め、仕込みを3回に分けて行う「三段仕込み」や、腐敗を防ぐための火入れ作業といった、現代につながる清酒造りの技術を確立した。そのため、正暦寺は、日本酒発祥の地といわれるのだ。

正暦寺で、酒造りの際に使われていた酒母は「菩提酛《もと》」と呼ばれ、奈良県では菩提酛を使って酒造りをする酒蔵が多かった。菩提酛を使った酒造りは明治時代までつづいていたが、大正期になって政府により禁止される。

その後、長らく菩提酛を使った酒造りは行われなかったが、1986年に奈良県の酒蔵や正暦寺、奈良県工業技術センターなどが「奈良県菩提酛による清酒製造研究会」を設立する。

1999年には、正暦寺内での酒造りを復活、「日本清酒発祥之地」と記した記念碑は、このとき立てられたものだ。

チョコレート
ガーナではカカオ豆はつくっても、チョコはつくれない

西アフリカのガーナといえば、日本ではロッテの「ガーナチョコレート」でも、おなじみの国。事実、ガーナはチョコレートの原材料である、カカオ豆の大産地であり、その生産量は1位のコートジボワール、2位のインドネシアに次ぐ世界第3位の座にある。

とりわけ、日本は、輸入カカオ豆のうち、約7割がガーナ産。日本のチョコメーカーの多くは、ガーナ産のカカオ豆から、チョコレートやココアをつくっているのだ。

といえば、チョコ好きには、〝本場〟のガーナでつくられたチョコを食べてみたいと思う人がいるかもしれない。ところが、それはかなわない望み。ガーナでは、チョコレートをつくっていないからだ。

もともと、ガーナの人々にとってカカオ豆は、イギリスの植民地時代に輸出用として栽培を強いられた作物。カカオ豆からチョコをつくって食べる習慣など、ガーナの人々にはもともとないのだ。また、ガーナが産地としての知名度を生かして輸出用につくったとしても、食品衛生上の問題などから、輸出するのは難しいとみられる。というわけで、ガーナはあくまでカカオ豆の供給国であり、それからチョコをつくったり食べたりするのは、他の国の人たちなのだ。

ジャポニカ米
エジプトでジャポニカ米が人気の理由

世界で生産されるコメの80％は、インディカ米と呼ばれる長粒米だ。日本で生産されるコメ、中粒米のジャポニカ米を生産している国は、世界では稀なほうだ。

そんな少数派のジャポニカ米を食べる国の一つが、エジプト。エジプトでつくられるコメの約8割はジャポニカ米であり、それも国内消費用。残り2割のインディカ米は、おもに輸出用としてつくられている。

日本から遠く離れたエジプトで、ジャポニカ米がつくられ、食べられるようになったきっかけは、第1次世界大戦後の食料難。その際、面積当たりの収穫量の多いジャポニカ米の作付けが奨励されたのだ。

以後、エジプトでは、「ヤバニ」という品種のジャポニカ米をもとにして、品種改良が進められてきた。「ヤバニ」とは、アラビア語で日本のことだ。

品種改良されたジャポニカ米は、現在「ギザヒカリ」という名で売られている。「ギザ」は、ピラミッドで知られる都市「ギザ」からとったものだ。

1980年代半ば、エジプトでは、イネの病気であるイモチ病が大発生し、ジャポニカ米の作付けが制限されたことがある。かわって、インディカ米の作付けが奨励されたが、結局、エジプト人の味覚には合わず、ジャポニカ米に戻ってしまった。

もっとも、コメを主食とする日本人と違って、エジプト人の主食はパン。エジプトにおけるコメは、食材の一種といった扱いで、野菜と一緒に煮たり、お菓子の材料として使われている。なかでも人気が高いのが、コシャリと呼ばれる混ぜご飯だ。揚げた玉ねぎとレンズ豆をトマトで煮たソースを、ご飯にかけて食べる料理だ。

紅茶
「カフェインレス」にすることがどうして可能なのか

紅茶は好きだけれど、飲みすぎて夜眠れなくなるのが心配という人は少なくない。あるいは、胎児に影響がありそうで、カフェインを摂取するのは不安という妊婦もいる。そんな人たちに重宝されているのが、カフェインレス紅茶だ。デカフェ紅茶ともいう。

カフェインレス紅茶は、茶葉に含まれているカフェインを何らかの方法で取り除いたもの。日本で、もっともよく用いられている方法は、超臨界二酸化炭素抽出法と呼ばれるものだ。

二酸化炭素は、一定以上の温度と圧力を加えると、「超臨界流体」という状態になる。超臨界流体になった二酸化炭素は、気体の拡散性と液体の溶解性という、両方の性質を持つようになる。その性質を生かして、茶葉内にあるカフェインを溶かし、取り除いてしまうのだ。

取り除いたあと、温度と圧力をもとに戻せば、二酸化炭素は気化して、茶葉に残らない。二酸化炭素は31・1度以上、73・8気圧以上で超臨界流体となる。比較的、常温常圧に近い状態で行うことができ、毒性もないので、きわめて優れた除去法とされている。この方法は、コーヒー豆からカフェインを抜くときにも使われている。

ペットボトルに入った紅茶にも、カフェインレスやデカフェをうたったものがあるが、こちらの除去法は茶葉の場合と異なる。

たとえば、キリンから発売されている『午後の紅茶』のデカフェには、カフェインクリア製法というキリン独自の方法が用いられている。湯で抽出した紅茶に、カフェインを取り除くための吸着剤を加える。吸着剤を取り除けば、カフェインが除去された紅茶になるのだ。

この製法で重要なのが、吸着剤に何を使うかだ。味わいはそのままで、カフェインのみを除去する吸着剤を探すために、1年がかりで100種類以上の吸着剤を試したという。キリンはこの製法で、特許も取得している。

クロマグロ
初競りの落札額のうち、漁師の取り分は？

例年、落札価格が話題になるのが、クロマグロの初競りである。2013年、築地市場で開かれた初競りでは、青森県大間産クロマグロに1億5000万円超の値がついた。初競りでは、2012～18年まで6年連続で、大間産が最高値を記録中である。

そこで気になるのが、クロマグロを釣りあげた漁師の取り分。落札額のうち、漁師はどれくらいの割合で受け取るのだろうか？

通常、漁師が釣った魚は、地元漁港に水揚げされ、産地市場で競りにかけられる。仲買人は、そこで競り落とした魚を築地などの消費地に出荷する。築地に届いた魚は仲卸業者が買い付け、さらに小売店へさばくという道筋だ。しかし、クロマグロの場合は産地市場を通さず、直接、築地などの消費地の市場に運ばれる。そのほうが高値がつくからだ。

2018年も正月明け、築地市場では最後となる予定の初競りが開かれ、405キロの青森県大間産クロマグロが3645万円（1キロ当たり9万円）で競り落とされた。ただし、その金額がそのまま、漁師の手元に入るわけではない。

お金の流れは、ざっと以下の通り。まず、クロマグロを落札した仲卸業者が、築地市場に代金を支払う。築地市場はその中から手数料を引き、漁師名義の口座に振り込む。そこから、漁協の取り分、箱代や運搬費などが差し引かれ、漁師の手元には8割ほどの金額が入る。

クロマグロの初競りでは、2012年〜18年の6年連続で、大間産が最高値を記録中だが、落札額は451万円〜1億5540万円と驚くほどの幅がある。クロマグロは競り値の乱高下が激しいのが特徴で、〃ハズレ年〃に当たると、漁師の儲けも少なくなってしまうのである。

サーモン
いつのまに「生」でも食べられるようになったか

サケは、英語ではサーモン。そのサーモンをどう食べているかと尋ねられて、焼き魚、ちゃんちゃん焼き、かす汁――などと答える人はもう古い。いまサーモンといえば、回転寿司界の大スターである。〝回るお寿司〟のなかで、サーモンは大人気メニューになっているのだ。

そう聞くと、疑問に思う人がいるだろう。「サケって生で食べられたっけ?」と。

秋になると、日本の川を遡上《そじょう》してくる天然のサケは、エサにしているオキアミにアニサキスなどの寄生虫がいるため、生では食べられない。北海道には、サケを凍らせて食べる「ルイベ」という郷土料理があるが、これは凍らせると寄生虫が死滅するという知恵を利用したもの。

では、寿司メニューの「サーモン」はどんなサケかというと、正式名を「アトランティックサーモン」といって、北大西洋に生息するサケ科の魚。標準和名では「タイセイヨウサケ」という。

また、サケではない魚が「サーモン」の名で提供されていることもある。それが「トラウトサーモン」、つまりはニジマスだ。ニジマスは淡水生の魚で、基本的には川で一生を過ごすが、じつは海水にも適応できる。

なかには、サケと同じように海に出て、川を遡上するニジマスもいる。そうした特性を利用して、ニジマスを海で養殖したものがトラウトサーモンだ。

アトランティックサーモンも、トラウトサーモンも、日本入ってくるのはノルウェー、カナダ、チリなどで養殖されたもので、寿司店では、養殖魚を寿司ネタとして利用している。養殖魚は、人工的なエサを食べて育つため、アニサキスなどの寄生虫の心配がない。だから、生でも安心して食べられるというわけだ。

缶飲料

缶の飲み口がわざわざ〝左右非対称〟なのはどうして？

缶ジュースや缶ビールの飲み口は、楕円のような形をしている。その飲み口の形、左右対称と思っている人もいるだろうが、じつは左右非対称だ。よく見ないと気づかないが、左右が微妙に歪んでいるのだ。

なぜ、非対称かというと、そのほうが少ない力でフタを開けられるから。缶飲料のフタは、タブを引き上げることで、タブと連動したフタを缶内に押し込む構造になっている。そのとき、穴の形が左右対称だと、力が穴の周囲全体にかかるため、開けるのにかなりの力が必要になる。一方、左右非対称にしておくと、タブを引き上げたとき、力が一部に集中し、少ない力でフタを開けることができるのだ。

フタを開けるのに強い力が必要だと、開けたときの衝撃で中の飲み物が飛び出したり、指をケガしたりする恐れもある。そこで、あえて飲み口の穴を左右非対称にしているのだ。

ちなみに、かつて日本では、タブが缶から切り離されるプルタブ式を採用していた。しかし、切り離されたタブで子供が足を切ったり、動物が飲み込んで死亡するといった事件が起きるようになった。そこで、１９８９年度からステイオンタブ式が使われるようになっている。

植物工場

最新の「野菜工場」を支える意外な技術とは？

最近は、スーパーでも「工場育ちの安全野菜」などと謳った野菜を見かけることが多くなった。ようするに、「植物工場」で栽培された野菜のことである。

工場で栽培すると、天候に左右されず、安定して生産することができるのが強み。そのぶん、値段が乱高下せず、虫などが混入するおそれもないことから、弁当店や外食チェーンなどでは、工場育ちの野菜を仕入れるケースが増えている。

温度や湿度が管理された植物工場には、何段にも積み重なった棚があり、その棚の中の野菜に人工光を当てて育てる。

その光源は特別なものではなく、従来は白熱灯や蛍光灯が使われてきた。それらが発する光は「白色光」には、紫色、藍色、青色、緑色、黄色、橙色、赤色などの光が含まれている。その白色光を当てると、植物は光合成を行なって成長する。

ただ、最近では、白熱灯や蛍光灯から、発光ダイオードに切り替える工場が増えている。というのも、発光ダイオードは、さまざまな色を含む白熱灯などの光とは異なり、植物の生長に合わせて、光合成に有効に働く色の光を選んで照射できるからだ。

とりわけ、光合成に有効な光といわれるのが、赤色光と青色光。その照射の割合によって、葉に含まれる栄養成分が変化したり、味も変わってくる。たとえば、レタスは、赤色光を当てると、葉がやわらかく、苦味が少なくなり、甘味が増すことがわかっている。

さらに、発光ダイオードは発熱量が少ないため、工場内の室温を下げるために余計なエネルギーを使わずにすむ。また、熱が少ないぶん、野菜に近づけて照射することができるので、光源を弱められ、消費電力量を少なくできる。しかも、ランプが長持ちする。

というわけで、工場運営のコスト減につながるメリットが多いので、植物工場では野菜を発光ダイオードで育てる時代に移りつつあるのだ。

ビール
茨城県に大工場がたくさんあるのはなぜ?

ビールの大生産地というと、北海道を浮かべる人が多いだろう。実際、日本人による初のブルワリーは、明治9年に設立された札幌麦酒醸造所だし、現在、札幌にあるビール園やビール博物館には大勢の観光客が詰めかけている。

ところが、現在、日本最大のビールの生産量を誇るのは、茨城県だ。

たとえば、2016年度の生産量は40万9254キロリットルで、これは2位の大阪府の31万4448キロリットルの約1・4倍にのぼる。ちなみに、3位は愛知県の27万9694キロリットルだ。

茨城県で、これほど多くビールがつくられているのは、茨城県がビール醸造にきわめて適しているからだ。ビールを大量につくるには、3つの条件が必要になる。その一つは、水を豊富に使えることだ。ビールは大瓶1本つくるのに、約6倍の水を必要とする。茨城県は、霞ヶ浦をはじめ、水資源に恵まれ、この条件を満たしている。

2つめは、広大な敷地だ。関東平野の中にある茨城県なら、広い敷地を確保しやすい。

そして3つめが、大消費地である首都圏に近いことだ。先の2つの条件は北海道も満たしているが、この3つめの条件が北海道と茨城の大きく異なる点だ。守谷市や取手市のある茨城県南部は、東京の東端からなら約30キロメートル圏内にあり、高速道路によって出来立てのビールを大消費地である東京に迅速に届けられる。先に挙げたビールの生産量の2~4位がいずれも大都市圏のある県であることからも、そのことがわかる。

column 食べ物をめぐる大疑問⑤

食後のお茶の習慣は
いつ始まった?

日本人には、食後にお茶を飲む人が多い。この習慣、もとは禅寺の習慣だった。日本における茶の歴史は、平安時代に天台宗の開祖・最澄が、唐から茶種を持ち帰ったことに始まるとされる。鎌倉時代になると、臨済宗を開いた栄西が、南宋から茶種や苗木を持ち帰り、広く栽培する。

当時、お茶は、嗜好品というよりも、もっぱら眠気覚ましとして用いられた。禅寺での修行に、座禅は欠かせない。座禅中に眠気を催さないように、修行僧たちはお茶を飲んだのだった。

禅寺では、修行僧の生活ぶりが事細かく定められているが、そこにはお茶の飲み方も含まれていた。その中の一つが、「お茶は食事のあとに飲む」というもの。食事中はお茶を飲んではならず、食事が終わって初めて飲むことができたのだ。

栄西が普及させたお茶は、禅寺だけでなく、やがて一般にも伝わっていった。栄西は、お茶を広く伝えるため、お茶を飲むメリットについて記した『喫茶養生記』を著している。その結果、庶民もお茶を飲むようになり、それとともに禅寺の決まりである「お茶は食事のあとに飲む」という習慣も、一般に広まったと思われる。

〔参考文献〕

「西洋料理野菜百科」ジェイン・グリグソン著、平野和子・春日倫子訳（河出書房新社）／「プロが教える料理のコツ」長坂幸子監修（日東書院）／「知ったかぶり食通面白読本」主婦と生活社編（主婦と生活社）／「鮓・鮨・すし」吉野ますす雄（旭屋出版）／「モノづくり解体新書（一の巻～七の巻き）」日刊工業新聞社／「食卓にのる新顔の魚」海洋水産資源開発センター・新魚食の会（三水社）／「魚の雑学事典」富田京一、荒俣幸男、さとう俊（日本実業出版社）／「大衆魚のふしぎ」川井智康／「魚のおもしろ生態学」塚原博（以上、講談社ブルーバックス）／「初めての料理肉と卵」栄養と料理家庭料理研究グループ（女子栄養大学出版部）／「地理・地名・地図の謎」シリーズ（じっぴコンパクト新書）／「謎解き散歩」シリーズ（新人物文庫）／「日経トレンディ」／朝日新聞／読売新聞／毎日新聞／日本経済新聞／ほか

青春文庫

ヨソでは聞《き》けない話《はなし》
「食《た》べ物《もの》」のウラ

2018年5月20日　第1刷

編　者　㊙情報取材班《まるひじょうほうしゅざいはん》
発行者　小澤源太郎
責任編集　株式会社プライム涌光
発行所　株式会社青春出版社
〒162-0056　東京都新宿区若松町 12-1
電話 03-3203-2850（編集部）
03-3207-1916（営業部）
振替番号　00190-7-98602
印刷／中央精版印刷
製本／フォーネット社
ISBN 978-4-413-09696-6

ほんとうのあなたに出逢う　青春文庫

この一冊で面白いほど人が集まるSNS文章術

思わず読みたくなる文章の書き方から、ネタ探し・目のつけドコロ、楽しく続けるためのSNS疲れ対策までまるごと伝授！

前田めぐる

(SE-692)

謎が謎を呼ぶ！名画の深掘り

《恋文》フェルメール、《睡蓮》モネ、《南天雄鶏図》伊藤若冲…。画家と作品に隠されたストーリーを巡る旅！

美術の秘密鑑定会［編］

(SE-693)

新しい経済の仕組み「お金」っていま何が起きてる？

知らないところではじまっている〝お金革命〟。知らないとソンするポイントが5分でわかります！

マネー・リサーチ・クラブ［編］

(SE-694)

誰もが知りたくなる！パワースポットの幸運ガイド

運を呼び込む！力がもらえる！神社、お寺、山、島、遺跡……〝聖なる場所〟の歩き方。

世界の不思議を楽しむ会［編］

(SE-695)